U0250019

"十三五"国家重点出版物出版规划项目

国家公园与自然保护地研究书系

三江源国家公园
生态体验与环境教育规划研究

杨　锐　赵智聪　庄优波　等著

中国建筑工业出版社

图书在版编目（CIP）数据

三江源国家公园生态体验与环境教育规划研究/杨锐等著. —北京：中国建筑工业出版社，2019.12

（国家公园与自然保护地研究书系）

ISBN 978-7-112-24514-7

Ⅰ.①三… Ⅱ.①杨… Ⅲ.①国家公园－生态环境－环境教育－研究－青海 Ⅳ.①S759.992.44

中国版本图书馆CIP数据核字（2019）第283480号

责任编辑：咸大庆　刘爱灵　杜　洁
责任校对：赵　菲

国家公园与自然保护地研究书系

三江源国家公园生态体验与环境教育规划研究

杨　锐　赵智聪　庄优波　等著

＊

中国建筑工业出版社出版、发行（北京海淀三里河路9号）
各地新华书店、建筑书店经销
北京建筑工业印刷厂制版
北京富诚彩色印刷有限公司印刷

＊

开本：787×1092毫米　1/16　印张：10¾　插页：1　字数：198千字
2019年12月第一版　　2019年12月第一次印刷
定价：**65.00元**
ISBN 978-7-112-24514-7
　　　　（35160）

前 言

青藏高原被称为地球"第三极"。三江源地处青藏高原腹地，被誉为"中华水塔"。三江源国家公园是三江源的核心区域，是展现三江源自然之美和悠久民族文化的窗口，是中国乃至东南亚的重要水源涵养区、气候格局的稳定器，是国家重要的生态安全屏障。与世界众多国家公园相比较，功能更多样、类型更齐全、结构更复杂、景观更丰富，更具自然生态的代表性、典型性、系统性和全局性。

三江源是我国第一个国家公园体制试点，不仅率先完成了《三江源国家公园总体规划》并得到国务院同意，经由国家发展和改革委员会印发，也开创了国家公园体制试点开展生态体验与环境教育规划的先河。早在2015年9月，为推动三江源地区进入国家公园体制试点，青海省环保厅就委托清华大学杨锐教授团队对玛多县黄河源园区进行了调研，并编制了《玛多国家公园资源保护与访客管理规划》，初步探索了国家公园生态体验与访客管理规划的技术路线。2017年9月起，三江源国家公园管理局委托清华大学杨锐教授团队着手编制《三江源国家公园生态体验与环境教育规划》。本书即是对《三江源国家公园生态体验与环境教育规划》中研究性内容的全面梳理、凝练与总结。

我国国家公园体制建设是在新时代生态文明建设背景下的一项探索，三江源国家公园作为体制试点区，和我国国家公园体制建设一样，在各项体制和机制方面都需要一个摸索的过程，这其中也包括生态体验和环境教育。国家公园是向全民展现生态文明建设成果的窗口，是联系自然保护地与公众的媒介，是面向公众开展环境教育的最美国土。因此，国家公园应当开放给访客，而这种开放，要满足两个前提条件。其一，国家公园是"最严格保护"的国土，生态保护第一的理念应坚决贯彻，这意味着，应十分重视体验活动带来的生态和社会影响，全面的保护监测、严格的影响控制、细致的访客管理都成为必不可少的环节。其二，对访客的开放是实现国家公园"全民公益性"的必经之路，但并不是发展旅游业的手段。全民公益性的关键在于"公"，它意味着全体国民的受益，也意味着不仅是当代人的受益也是后代人的受益。因此，更不能让国家公园成为某些个人或集团的"摇钱树"。如何通过生态体验和环境教育的规划推动国家公园全民公益性的实现，如何通过体制机制上的设计保证国家公园的全民公益性，亟需探索也势在必行。

本书主要内容包括以下四个方面。第一，提出了三江源国家公园生态体验与环境教育规划的理念和思路。国家公园保护与管理坚持生态保护第一、国家代表性和全民公益性。基于此，首先提出了三江源国家公园生态体验与环境教育规划的理念，即以新时代习近平生态文明思想为指导，以生态保护第一、国家代表性与全民公益性为根本，以价值导向、"游憩机会谱系"（ROS）理论、"可接受改变极限"（LAC）理论为依据，以当地社区为主体，多方参与为途径。其次提出了规划思路，即强调国家公园价值及其载体的理解和保护；建立"价值—生态体验—环境教育"三者的对应关系；通过访客管理和环境监测，进行生态体验影响控制；遵循"规划—实施—监测—评估—反馈"的循环管理机制；同时提供机构、人员、资金、机制等多层次的机制保障。

第二，识别了三江源国家公园的价值。识别具有国家代表性的价值是国家公园开展生态体验与环境教育活动，充分展现国家代表性、体现全民公益性的基础。本次研究以价值识别为导向，对三江源国家公园的价值进行了系统研究和评估，识别出如下具有国家代表性的价值：地质地貌价值、水资源价值、生态系统价值、生物多样性价值、文化价值、美学价值。

第三，提出了三江源国家公园生态体验与环境教育规划方案。总结提炼出三江源国家公园生态体验的 12 种潜在访客类型，围绕 22 项三江源国家公园的主要展示价值，规划了 24 种生态体验活动，并使生态体验活动与访客类型、展示价值类型之间分别形成了一一对位关系，每一项生态体验活动都能展示特定的国家公园价值，并适宜不同的访客群体。针对三江源国家公园环境教育的社会公众、园区访客、当地牧民、学龄前儿童与中小学生、管理人员 5 类对象，明确了解说内容、解说深度，提出信息共享、科普读物与传媒作品、课程、展览与活动、访客环境教育共 6 种环境教育方式的构建方案，明确地质地貌、水文、生态系统、生物多样性、文化、审美、国家公园与保护共 7 种解说教育专题的空间布局，并提出了环境教育机制的实施方案。为确保三江源国家公园的生态环境不因生态体验与环境教育活动的开展而受到影响，进行了生态影响分析、访客管理规划和监测系统规划。

第四，提出了三江源国家公园生态体验与环境教育规划的实施保障措施。为保障三江源国家公园生态体验与环境教育规划的实施，进行了以社区为主体、多方参与及其他规划实施保障的体制机制设计。其中，从参与内容技能需求、人数需求两方面进行了牧民参与的需求分析，从管理局—牧委会—牧民多方合作、培训机制、保障机制、奖励机制等 4 方面设计了牧民参与机制。从管理机构、访客奖励、多方参与、能力建设共 4 方面进行其他规划保障措施的设计。

本书基于团队承担的《三江源国家公园生态体验与环境教育规划》梳理完善而成，从前期调研起，历经三年时间，凝聚了团队对于三江源、对于国家公园、对于国家公园的生态体验逐步认识和探索的过程。除作者外，参与规划编制研究的还有博士后钟乐、博士生廖凌云、马之野、黄澄、彭钦一、周语夏，硕士生周翘楚、陈爽云、宋松松、马志桐，本科生王沛，在前期开展的《三江源玛多国家公园生态保护与访客管理规划研究》中，还有博士生彭琳、曹越，硕士生付泉川、叶晶、张碧坤、张昀晨、本科生辛大卫等老师和同学。大家在三江源高海拔的清冽寒风中，不仅感受到独特的自然和文化，也收获了别样的友谊和温暖。

研究过程得到三江源国家公园管理局的全面支持。在规划编制期间，时任三江源国家公园管理局局长、副局长的李晓楠、田俊量、王湘国等领导，以及三江源国家公园管理局各处室、各园区和乡镇政府的同志，陪同研究团队开展实地调研和牧民走访、接受访谈、提供资料、反馈意见，研究团队被这样一支热爱三江源、奉献于三江源的工作队伍所感动，没有他们的辛勤付出，就没有我们今天的研究成果，在本书付梓之际，向他们表示感谢。还要感谢青海省各相关部门的同志、历次规划研究成果评审邀请的专家和管理者，他们的宝贵意见和持续关注，让研究成果不断完善。在本研究工作开展过程当中，我们还咨询、访谈了许多学者和在当地开展相关保护与体验活动的团队、社会组织和相关人员，包括全球环境研究所（GEI）、山水自然保护中心、富群环境研究院、漂流中国、WWF 中国等，在此挂一漏万，一并表示感谢。

三江源是一个备受国人和世界瞩目的地方，其生态系统的重要性、脆弱性和敏感性，其文化核心的独特性、持久性和厚重性，让我们在开展这一研究的时候十分荣幸也倍感压力。我们深知，尽管团队尽心竭力，历经三年打磨，本书仍有许多不足之处，鼓起勇气与读者分享，以期有更多的人关注三江源、关注国家公园，不当之处，请读者批评指正。

目　录

第一章

绪　论

1.1 目标与任务

本研究的主要目的体现在以下三个方面。其一，在保护优先前提下，探索三江源国家公园生态体验与环境教育规划的技术方法，总结提炼可复制、可推广的经验；其二，为三江源国家公园开展生态体验与环境教育明确基本原则，提供政策框架，确立基本要求，形成整体安排；其三，全面指导三江源国家公园在生态保护第一的前提下，开展生态体验和环境教育，设计实现预期目标的途径。

本研究具有很强的研究、探索和先行性质。探索和先行先试如何通过生态体验规划和实施坚守生态保护第一和实现最严格保护的底线；探索和先行先试如何通过生态体验和环境教育实现全民共享、世代传承的目标；探索和先行先试如何通过环境教育促进和提升全民对国家公园生态保护第一的认识和行动。

1.2 研究范围

研究设定了两个层次的范围，即规划范围与研究范围。

规划范围为三江源国家公园体制试点区，包括长江源、黄河源、澜沧江源 3 个园区，总面积 12.31 万 km²，介于东经 89°50′57″～99°14′57″，北纬 32°22′36″～36°47′53″，占三江源地区国土面积的 31.16%。涉及治多、曲麻莱、玛多、杂多四县和可可西里自然保护区管辖区域，共 12 个乡镇、53 个行政村。规划范围内居民以藏族为主，共有牧户 16621 户，人口 6.4 万，贫困人口 2.4 万。

三江源国家公园体制试点区范围内包括三江源国家级自然保护区的扎陵湖—鄂陵湖、星星海、索加—曲麻河、果宗木查和昂赛 5 个保护分区以及可可西里国家级自然保护区的核心区 4.17 万 km²（占 33.87%），缓冲区 4.53 万 km²（占 36.80%），实验区 2.96 万 km²（占 24.05%），及为增强联通性和完整性的 0.66 万 km² 的非保护区（占 5.36%）。

长江源园区位于玉树藏族自治州治多、曲麻莱县，介于东经 89°50′57″～95°18′51″，北纬 33°9′5″～36°47′53″，包括可可西里国家级自然保护区、三江源国家级自然保护区索加—曲麻河保护分区，园区总面积为 9.03 万 km²，涉及治多县索加乡、扎河乡和曲麻莱县曲麻河乡、叶格乡，共 15 个行政村。

黄河源园区位于果洛州玛多县境内，介于东经 97°1′20″～

99° 14′ 57″，北纬 33° 55′ 5″～35° 28′ 15″，包括三江源国家级自然保护区的扎陵湖—鄂陵湖和星星海 2 个保护分区，面积 1.91 万 km²。涉及玛多县黄河乡、扎陵湖乡、玛查理镇，共 19 个行政村。

澜沧江源园区位于玉树藏族自治州杂多县，介于东经 93° 38′ 24″～95° 55′ 40″，北纬 32° 22′ 36″～33° 56′ 6″，包括青海三江源国家级自然保护区果宗木查、昂赛 2 个保护分区，面积 1.37 万 km²。涉及杂多县莫云、查旦、扎青、阿多和昂赛 5 个乡，共 19 个行政村。

研究范围为三江源地区，包括玉树、果洛、黄南、海南 4 个藏族自治州 21 个县和格尔木市唐古拉山镇。该范围是"三江源国家生态保护综合试验区"范围，具有相对完整的行政边界，近年的生态保护与改革政策相对统一，在地质地貌、生态系统和传统文化方面也具有一致性。研究范围较规划任务有较大拓展的原因主要有以下三个方面，其一，生态体验活动在空间上具有连续性特征，对于前往三江源地区的访客，其体验活动可能从门户性城市、城镇或社区开始，如西宁市、玉树市、进入三江源国家公园之前的一些寺庙、村庄或路边的景色都是其体验的对象；其二，三江源国家公园地处青藏高原腹地，特殊的高原气候特征使得访客必然经历高原适应的过程，客观上延长了三江源国家公园的体验时间。时间尺度上的拓展对空间也提出了要求；其三，国家公园体制试点区内外的生态体验活动需要协调，无论是生态体验相关的质量要求、数量控制，还是生态体验可惠及的民生福祉，都不宜差异过大。

1.3 指导原则

1.3.1 以新时代生态文明思想为指导

把国家公园专项规划作为落实生态文明制度、展现生态文明建设成果的重要窗口，从全局高度认识和把握国家公园专项规划的重要意义和作用，树立和践行"绿水青山就是金山银山"理念，坚持节约资源和保护环境的基本国策，坚持"山水林田湖草"是一个生命共同体，树立新时代社会主义生态文明观。

1.3.2 以生态保护第一、国家代表性与全民公益性为根本

国家公园保护与管理坚持生态保护第一、国家代表性和全民公益性。通过生态体验和环境教育规划为国家公园实现全民公益性和国有自然资

源全民共享、世代共享寻找可行途径，通过先进技术手段和严格影响控制实现国家公园最严格的保护。只有坚持生态保护第一，实行最严格的保护才能保证国家所有自然资源资产的全民共享和世代传承，才能将三江源具有国家代表性的自然资源真实、完整的呈现，才能让三江源国家公园生态体验和环境教育成为全民福祉。

1.4 规划理念

1.4.1 以价值为基础

规划提出以价值为核心的生态体验与环境教育，即在系统研究和评估三江源国家公园价值的基础上，围绕如何展示国家公园价值，如何让访客更好的体验国家公园价值提出生态体验的项目和环境教育的解说专题类型，为生态体验和环境教育打下牢固的基础。

同时，基于价值分析，对三江源国家公园进行生态体验和环境教育活动的统筹考虑，将生态体验与环境教育高度结合，每一项生态体验活动都承载环境教育功能，每一项环境教育内容都尽量围绕生态体验活动展开。二者基于价值高度融合，将三江源国家公园的价值和国家公园的理念有效传达给每一位访客。

环境教育还肩负更为广泛的社会责任。由于地处高原腹地，三江源地区在地理区位、生态系统、物种保护等方面具有重要意义，同时又极为脆弱，因此对于访客数量和负面影响必然极为敏感。国家公园肩负着向全社会传达自然保护理念、传播生态保护知识、培育热爱自然情怀的重任，这也是国家公园"全民公益性"的具体体现。三江源国家公园的环境教育不仅应有效而深刻的影响前往三江源地区的访客，也应通过各种先进手段将价值传承覆盖全民。因此，规划提出"以价值为基础"的专项规划，旨在为三江源国家公园搭建可供传播的价值框架，为更广泛的环境教育提供基础。

1.4.2 以体验最佳、影响最小为导向

针对访客类型、体验项目、体验方式、体验线路及环境教育内容、深度、方式、空间分布等分别进行对位优化，为访客的生态体验和环境教育提供最佳的效果。同时通过访客容量控制、访客影响管理制度、生态体验分类管理等实现设施建设的最小化和对生态环境负面影响的最小化。

1.4.3 以"游憩机会谱系"和"可接受改变极限"理论为依据

以国际上较为先进的"游憩机会谱系"理论和"可接受改变极限"为依据，展开生态体验各类活动的安排与布局，以及访客影响的分析与管理。

游憩机会谱系（Recreation Opportunity Spectrum, ROS），强调不同环境条件可开展不同类型和强度的体验活动。该理论发源于美国，对美国的特定环境条件进行了从城市区域、到乡村地区、到荒野地区的特征划分，使用预先制定好的"机会等级"对不同的活动进行分类，进而把自然资源或环境条件和它们最适合的活动相匹配。每种机会等级都包含一套为访客准备的体验和活动，并制定针对生态环境、社会环境和管理环境的政策。

可接受的改变极限（Limits of Acceptable Change, LAC），强调对访客的适应性管理，即通过监测判断访客带来的改变是否突破了可接受的程度，并以此来判断是否需要改变管控措施。通过建立三江源国家公园生态体验和环境教育的长效监测机制，包含生态体验环境影响监测、生态体验效果监测、环境教育效果监测等，将保护管理建立在长效监测反馈和科学研究之上，做出能够实现最佳管理决策的"决策-实施-监测-反馈-修改决策"的适应性管理。

1.4.4 以当地社区为主体，多方参与为途径

规划坚持以当地社区为主体、以多方参与为途径实现生态体验和环境教育。在生态保护第一的前提下，探索同时实现生态保护和民生改善的生态体验途径，探索有利于传统文化传承的当地社区牧民发挥主体作用的生态体验模式，探索实现环境教育全覆盖的国家公园多方参与机制。

吸纳包含特许经营方、周边保护地管理机构、NGO 与志愿者、大学与科研机构、中小学校、其他个人、媒体、当地寺庙等多方力量合作参与到三江源国家公园的生态体验、环境教育、科学监测等活动中，尤其针对当地社区牧民进行了特殊考虑，协同社区居民与国家公园共发展。

1.5　思路与路线

本次规划强调国家公园价值及其载体的理解和保护；建立价值—生态体验—环境教育三者的对应关系；通过访客管理和环境监测，进行生态体验影响控制；遵循规划—实施—监测—评估—反馈的循环管理机制；同时提供机构、人员、资金、机制等多层次的机制保障（图1-1）。

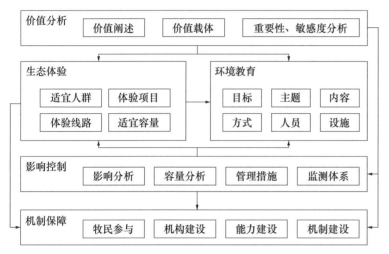

■　图1-1　规划思路图

1.6　规划目标

1.6.1　目标体系

目标体系共分三个层次，分别对应不同的规划期限：第一层次为理想目标，对应规划愿景；第二层次为长期目标（至2035年），对应规划远期，第三层次为近期目标（至2025年），对应规划近期。每一个层次包括七项内容：生态体验、环境教育、访客管理、设施建设、监测、牧民参与和实施保障。

1.6.2　理想目标（无限期）

生态体验：全面完善区内外生态体验项目的建设，充分展示三江源国家公园的价值，让访客在寓教于乐中体验三江源国家公园的原始自然生态和传统牧区文化。

环境教育：通过感官宣传和实地体验等多种方式，引导三江源国家公园的到访者、居住者和关注者树立和谐共生的自然观与社会发展观，在自然绝景中激发人类对于自然的热爱，在国家公园中领悟人类命运共同体的价值内涵。

访客管理：通过国家公园管理机构持续投入专项科研资金，探索园内高寒地区清洁能源使用、垃圾焚烧无害化处理等问题，将国家公园内自然环境影响和自然资源消耗降至最低，以最严格的标准保护三江源生态资源。

设施建设：创新树立国家公园设施建设范本，充分体现绿色、共享理念，使设施条件发展与园区管理水平提升相协调，实现访客与社区居民共同受益。

监测：全面完善三江源国家公园的生态体验与环境教育的监测机构、机制和监测指标体系，实现区内外生态体验项目动态监测的全覆盖。

牧民参与：吸纳当地牧民全面参与到三江源国家公园的生态体验、环境教育、科学监测等活动中，协同社区居民与国家公园共同发展。

实施保障：从管理机构、访客奖惩、多方参与、能力建设4方面全面完善三江源国家公园生态体验和环境教育顺利开展的保障措施。

1.6.3 长期目标（至2035年）

生态体验：推动完成三江源国家公园区内27个生态体验项目的行动计划和设施建设，集中展示三江源国家公园的价值，让访客在园区内充分体验三江源国家公园的原始自然生态和传统牧区文化。

环境教育：在三江源国家公园设施条件完备的基础上，健全园区内外解说教育体系，形成专业素质过硬的环境教育工作队伍。着力发挥国家公园的环境教育功能和全民公益属性，使三江源成为面向全国乃至全世界的生态保护展示窗口，积极引导民众走近自然、了解自然、欣赏自然，并对科学保护生态环境形成基本认识，将三江源国家公园建设成为国家环境教育基地和交流平台。

访客管理：根据生态体验与环境教育项目实际开展情况，以及访客调查数据分析，进一步优化体验线路，调整访客容量和解说教育内容。充分应对体验项目所产生的生态影响和社会影响，在全面展示国家公园自然资源资产保护价值的同时，严格守护价值载体的真实性和完整性；引导访客积极适应本地民俗民约，在优化牧民收入结构的同时，保护传承本地质朴的民风民俗。

设施建设：完善生态体验与环境教育设施体系建设，保障国家公园日常管理运营，为生态体验类访客提供有深度的环境教育服务，为科研监测工作者提供完备齐整的工作环境，为生态巡护人员提供高效先进的管理支撑。

监测：健全生态体验与环境教育的监测机构、机制和监测指标体系，实现区内 27 个生态体验项目动态监测的全覆盖。

牧民参与：健全牧民参与机制、培训机制、保障机制和奖励机制，每年为牧民提供 1531 个就业工作岗位。健全管理局—牧委会—牧民的多方合作体系，管理局实现对牧民参与的宏观控制与引导作用，牧委会实现自主管理，牧民积极参与。

实施保障：完善相关政策制度，落实日常管理、实现资源检测、健全访客奖惩机制、有效开展多方参与和特许经营、形成能力建设的长效机制、有序开展生态体验和环境教育活动，落实生态体验与环境教育专项规划所规定的各项保障措施。

1.6.4　近期目标（至 2025 年）

生态体验：启动并完成三江源国家公园区内的 17 个生态体验项目的行动计划并完善相关设施建设，使之成为三江源国家公园首批集中展示国家公园价值、作为国民福利的游憩机会的生态体验活动项目。

环境教育：建立国家公园环境教育工作机制。为近期启动的生态体验项目编写、制作解说材料，在现有场馆内按照国家公园标准布置展陈装置，使生态体验活动成为首批集中展示宣传国家公园生态、社会价值的载体。培养首批国家公园解说教育工作人员，开通、运营三江源国家公园官方网络宣传平台。

访客管理：针对园区内各类生态体验项目，严格控制访客可进入区域和访客容量，落实《三江源国家公园访客管理办法》访客预约制度。对体验项目的环境影响进行量化分析，制定压力监测指标、监测点位和响应措施。在三江源国家公园管理局内设置访客管理工作部门，负责采集、管理生态体验项目监测数据，并形成访客体验反馈和追踪制度。建立完善访客救援体系，在公园管理制度层面对访客人身安全做出充分保障。

设施建设：建设完善园区内近期启动的生态体验与环境教育项目所需设施，包括道路提标改造、保护管理站点新建改造等，初步实现国家公园环境教育功能，满足访客对于服务类设施的基本需求，稳步推进环卫类设施建设，降低体验项目的环境影响。

监测：初步建立访客服务与管理的监测体系，包括监测机构、监测指标和监测机制的完善，实现区内 17 个生态体验项目的监测覆盖。

牧民参与：初步建立牧民参与与培训机制，每年为牧民提供 360 个就业工作岗位。建立管理局—牧委会—牧民的多方合作体系，推动设立专门的牧民学校，为参与近期规划的体验项目的牧民提供技能培训。

实施保障：初步建立生态体验与环境教育管理体制，成立负责生态体验与解说教育系统的规划、建设、管理、组织、协调与研究拓展工作的专门机构，从多方参与、人才引进等方面拓宽人才渠道，初步建立管理人员培训机制。

第二章

价值研究

2.1　地质地貌价值

三江源地区位于青藏高原，是世界"第三极"的广袤腹地，是中国冰川、世界低纬度地区冰川的重要组成部分，拥有青藏高原最完整的白垩纪丹霞地貌之一。从古至今，该地区地质运动密集频繁，拥有丰富的地质遗迹。

2.1.1　世界"第三极"的广袤腹地

三江源地区地处世界上海拔最高、最年轻的高原，是"世界屋脊""地球第三极"的广袤腹地。三江源国家公园以山原和高山峡谷地貌为主[1]，海拔 4000 ~ 5800m 的高山是源区地貌的主要骨架。主要山脉有昆仑山主脉及其支脉可可西里山、巴颜喀拉山、唐古拉山等。中西部和北部为河谷山地，宽阔平坦，拥有大面积以冻胀丘为基底的高寒草甸和沼泽湿地；东南部唐古拉山北麓则以高山峡谷为多，河流切割强烈，地势陡峭，山体相对高差多在 500m 以上。

2.1.2　中国冰川、世界低纬度地区冰川的重要组成部分

三江源地区的冰川是青海省冰川的主体，所处流域冰川资源的重要构成，拥有亚大陆型冰川和极大陆型冰川两大中国冰川类型，是中国组合型巨大冰川的组成部分。三江源国家公园范围内拥有雪山冰川 833.4km^2，占全国冰川面积 1.4%，青海省冰川面积 22.7%。三江源地区的冰川面积达 2400km^2，占青海省冰川面积的 65.3%，占全国冰川面积的 4.0%。[2] 三江源地区储冰量达 2000 亿 m^3，占全国 3.5%，占其所属的长江流域、黄河流域、澜沧江流域、青藏高原内流地区四个流域的 20.9%。三江源国家公园园区内虽没有单体巨大冰川，但位于其范围内的可可西里山，与羌塘高原、唐古拉山的藏色岗日、土则岗日、金阳岗日、普若岗日等平坦山顶分别发育的不同水系的小冰帽互相连接，形成了 5 个巨大的组合型冰帽，气势壮观，在中国巨大冰川中有一定地位。

2.1.3　拥有青藏高原最完整的白垩纪丹霞地貌之一

三江源国家公园内拥有青藏高原最完整的白垩纪丹霞地貌之一，在中国丹霞地貌中具有较为独特的审美价值。三江源国家公园范围内的丹

1　三江源国家公园总体规划 . 2018.
2　数据来源: 施雅风 . 简明中国冰川目录［M］.
　　上海科学普及出版社 . 2005.

霞地貌位于杂多县昂赛乡境内，分布面积约达 300km²，海拔 3800m 左右，是唐古拉山脉与横断山脉过渡地带鲜有地质景观，是青藏高原发育最完整的白垩纪丹霞地质景观[1]。该丹霞地貌远离中国三大丹霞密集分布区，偏立一方，具有在广阔的高原之上的雄浑、苍莽之美的独特地质景观。

2.1.4　拥有丰富的地质遗迹

三江源地区拥有丰富的地貌变化，反应出历史上剧烈的地壳活动，延续至今。三江源地区是青藏高原的腹地和主体，山脉绵延、地势高耸、地形复杂。可可西里具有"三山间两盆"的态势，几乎呈平行相间排列的山脉、湖盆自北向南分别是：东昆仑山—马兰山—五雪峰组成的极高山岭系、分布有勒斜武担湖—可可西里湖—卓乃湖—库赛湖的高原湖盆、可可西里山及其支脉组成的平缓高山带、西金乌兰湖—多尔改错—楚玛尔河河谷高原湖盆及河谷、冬布勒山—乌兰乌拉山及其支脉组成的平缓高山带，整体形成具有观赏和研究价值的地质地貌景观。玛多地区属高平原地区，地势自西北向东南倾斜，海拔大部分在 4500～5000m 之间，地形起伏不大，西北高、东南低，山间有平坦地、沙漠地、沼泽地。大地构造单元属巴颜喀拉褶皱带，构造线均作西北至东南走向，地貌轮廓明显地受构造控制。

2.2　水资源价值

2.2.1　河流

三江源是长江、黄河、澜沧江三条江河的发源地，素有"江河源"，"中华水塔"之称。三江源多年平均径流量 499 亿 m³，其中长江 184 亿 m³、黄河 208 亿 m³、澜沧江 107 亿 m³，同时长江总水量的 25%、黄河总水量的 49%、澜沧江总水量的 15% 来自该地区[2]。

三江源不仅是江河源头，更是中国名江大河的发育区。长江和黄河居中国河流之首，其中长江在世界大河中长度仅次于非洲尼罗河和南美洲的亚马孙河，居世界第三位，而黄河居于第五。但尼罗河流域跨非洲 9 国，亚马孙河流域跨南美洲 7 国，长江则流经青海、西藏、四川、云南、重庆、湖北、湖南、江西、安徽、江苏、上海 11 个省区市，为我国独有。长江的流域面积高达 180 万 km²，约占我国陆地总面积的 1/5，同时其水

1　中国国土资源报．[N]第 001 版 2015.
　　11.［2015-11-23］.
2　数据来源：《三江源国家公园总体规划》

资源总量 9616 亿 m³，约占全国河流径流总量的 36%。澜沧江是世界第七大河及东南亚第一长河，并且是著名的国际重要河流，澜沧江流经青海、西藏、云南三省后出境称为湄公河，并流经东南亚国家，如老挝、缅甸、泰国、柬埔寨和越南。可以说，发源于三江源的大江大河，不仅是孕育中华文明的重要河流，更在世界大河中占据重要地位。

2.2.2　湖泊

　　三江源国家公园内湖泊众多，主要分布在内陆河流域和长江、黄河的源头段，是世界上海拔最高、数量最多、面积最大的高原湖泊群之一。大小湖泊 1800 余个，湖水面积在 0.5km² 以上的天然湖泊有 188 个，总面积 0.51 万 km²，其中长江源园区 120 个、黄河源园区 36 个、澜沧江园区 11 个。淡水湖和微咸水湖居多，共计 148 个，盐湖共计 28 个[1]。鄂陵湖、扎陵湖，面积分别为 610km² 和 526km²，是青藏高原上最大的淡水湖，亦是黄河水系第二、第三大湖泊[2]。

　　中国湖泊资源的区域分布很不均匀，以东部平原地区及西部青藏高原地区为中国湖泊分布密度最大的两大稠密湖群区。素有"中国水乡"之称的东部平原，是青藏高原湖泊数量的 1/3，湖泊储水量的 13%，其大于 1km² 的湖泊约占青藏高原湖泊面积的 43%，无论从数量、出水量、面积上，素有"中国水乡"之称的东部平原都无法和青藏高原相媲美。

2.2.3　湿地及沼泽

　　三江源地区是高寒湿地的典型代表区域。长江南源的当曲流域展现了世界海拔最高的湿地景观，也是高寒沼泽湿地集中发育区，湿地最高发育到海拔 5600m。同时，居全国湿地面积第一的青海省约 90% 的湿地位于三江源地区。

　　根据《中国重要湿地名录》统计，青藏地区是我国重要湿地的分布密集区域。青藏高原的湿地类型以草本沼泽湿地为主，其由丛生草本植物为优势种组成湿地，分布广阔，超越长期位居榜首的"中国第一大沼泽"东北三江平原湿地，成为中国面积最大的天然草本沼泽分布区。在该区域的高寒环境下主要发育着以藏嵩草和青藏苔草为主的高寒沼泽化草甸，加上其他高寒草甸，构成了"中华水塔"主要的保水屏障和蓄水库。可以说，三江源地区是世界上高寒沼泽湿地海拔最高、面积最大、也是我国乃至世界重要湿地分布较集中的典型代表区域[3]。

1　数据来源：《三江源国家公园总体规划》

2　数据来源：湿地中国：http://www.shidi.org/lib/lore/ramsar-peak.htm

3　数据来源：全国各省区市湿地面积，http://www.gov.cn/jrzg/2014-01/13/content_2565800.htm；《青海三江源自然保护区总体规划》。

2.3　生态系统价值

2.3.1　生态区位

三江源地区位于全球生物地理省区划（Udvardy 1975）的古北界（Palearctic Realm），温带大陆性气候荒漠和半荒漠省［Cold-winter（continental）deserts and semideserts］，青藏地区（Tibetan），同时也是世界自然基金会（WWF）Global 200 项目内的山地草场和灌丛生态区（Montane Grasslands and Shrublands）中的青藏高原草原区（Tibetan Plateau Steppe）。因此，要识别三江源地区的生态系统价值，首先需要识别青藏高原地区的生态系统价值[1]。

2.3.2　青藏高原生态系统价值

青藏高原是全球生物多样性保护的重要区域，是东亚气候稳定的重要屏障。青藏高原地区主要的生态系统类型有森林生态系统、草地生态系统、农田生态系统、沼泽湿地生态系统、湖泊生态系统与荒漠生态系统六大类型[2]。青藏高原冰冻圈以及高寒环境条件下的脆弱生态系统，对全球变化和人类干预影响十分敏感，作为亚洲乃至北半球气候变化的"感应器"和"敏感区"，是我国与东亚气候系统稳定的重要屏障[3]。

由世界十大高原的面积、主要特征的对比可得，青藏高原是全球面积最大的高原，分布有丰富多样、独具特色的特殊生态系统类型，是全球生物多样性保护的重要区域（表 2-1）。

1　青海可可西里保护管理规划，2015.

2　鲁春霞，谢高地，肖玉，于云江．青藏高原生态系统服务功能的价值评估 [J]．生态学报，2004，(12):2749-2755+3011.

3　孙鸿烈，郑度，姚檀栋，张镱锂．青藏高原国家生态安全屏障保护与建设 [J]．地理学报，2012,67(01):3-12.

世界十大高原对比分析一览表　　　　　　　　　　　　　　　　　　　　　　　　　　　表 2-1

名称	平均海拔（m）	最高海拔（m）	面积（万 km²）	主要分布地区	主 要 特 征
青藏高原	4000～5000	8848.43	近 300	中国	（1）"世界屋脊"和"第三极"之称； （2）世界海拔最高高原、中国最大的高原（喜马拉雅山主峰珠穆朗玛峰高 8848.43m）； （3）是许多大河的发源地
帕米尔高原	5850	8611	16	塔吉克斯坦、中国和阿富汗	（1）喀喇昆仑山脉的乔戈里峰（K2峰），海拔8611m，世界第二高峰； （2）是"阿尔卑斯—喜马拉雅山带"和"帕米尔—楚科奇山带"的山结，也是亚洲大陆南部和中部地区主要山脉的汇集处，包括喜马拉雅山脉、喀喇昆仑山脉、昆仑山脉、天山山脉、兴都库什山脉五大山脉

续表

名称	平均海拔（m）	最高海拔（m）	面积（万 km²）	主要分布地区	主　要　特　征
玻利维亚高原	3800	6438	35	玻利维亚	高原上的的喀喀湖（高原淡水湖海拔 3812m），为南美最大的湖泊
厄瓜多尔高原	3000	6267	15	厄瓜多尔	（1）位于安第斯山脉北部，赤道附近，常年积雪； （2）最高点为钦博拉索山海拔为 6310m，是离地心最远的地方
南极冰雪高原	2500	5140	1200	南极洲	（1）气候严寒，年平均气温 -56℃；极端干燥，年降水量约 5mm； （2）大陆冰向周围缓慢流动，每年外流几米至几十米
埃塞俄比亚高原	2500～3000	4550	80	埃塞俄比亚	（1）古老地层（寒武纪）上覆盖广大玄武岩的波状高原； （2）若干火山在海拔 3500m 以上，最高峰达善峰海拔 4620m； （3）为非洲地势最高处，有非洲"屋脊"之称； （4）众多河流发源于此，主要有青尼罗河、阿特巴拉河、索巴特河、谢贝利河和朱巴河； （5）中部为东北—西南向东非大裂谷带东支的北段，宽 40～60km，深 580～1000m
墨西哥高原	900～2500	5700	66.6	墨西哥	（1）位于科迪勒拉山系北段，终年四季如春，有"温和高原"之称； （2）古印第安人文化遗迹的所在地，具有极高的文化价值
云贵高原	1000～2000	6740	50	中国	（1）世界上喀斯特地貌最发育的典型区域之一； （2）生物多样性丰富，是中国森林植被类型最为丰富的区域； （3）六大水系的分水岭； （4）文化多样性丰富，是中国少数民族种类最多的地方
亚美尼亚高原	1500～2000	5137	40	亚美尼亚、土耳其、伊朗	（1）由一系列熔岩覆盖，岩浆活动剧烈，多火山、地震、温泉和间歇泉； （2）本区因高山融雪而发育许多河流，多深陷河谷与湖盆。为底格里斯河、幼发拉底河、库拉河与阿拉斯河的发源地，有凡湖、雷扎耶湖与谢万湖等山区湖泊
格陵兰冰雪高原	1900	3700	187	格陵兰岛	（1）位于世界上最大的岛屿——格陵兰岛； （2）气候严寒，绝对最低气温达到 -70℃；冰盖几乎覆盖全境

2.3.3　三江源地区生态系统价值

　　三江源地区是青藏高原生态系统的典型代表，是青藏高原特有物种的物种多样性、遗传多样性和生态系统多样性保护的重要区域，同时也是我国青藏高原生态屏障重要的组成部分，是我国高质量荒野地的代表区域。

高寒草甸与高寒草原是三江源国家公园的生态主体资源，在维护三江源水源涵养和生物多样性主导服务功能中具有基础性地位。国家公园共有各类草地 868 万 hm^2，其中可利用草地 743 万 hm^2。按草地类型分，未退化和轻度退化 339 万 hm^2，中度退化 161 万 hm^2，重度退化 243 万 hm^2；森林和灌丛在公园内分布较少，仅占总面积的 0.4%，主要分布在三江源自然保护区的昂赛保护分区；国家公园共有河湖和湿地及雪山冰川 307 万 hm^2，类型丰富，景观独特并稀有，是水源涵养、净化、调蓄、供水的重要单元；荒漠主要分布于可可西里自然保护区，未受到人类活动干扰，仍保留着原始风貌，是极其珍贵的自然遗产。

在青藏高原地区的 9 个世界遗产地中，青海可可西里（Qinghai Hoh Xil）遗产地的面积最大，拥有类型多样的高寒生态系统类型，是青藏高原草地生态系统的典型代表。

在青藏高原地区的 36 个国家级自然保护区中，可可西里国家级自然保护区保存了完好的高寒荒漠生态系统和高原湿地生态系统，大多数地区为人迹罕至的无人区，成为耐寒的高原动物躲避天敌和人类伤害的天然乐园[1]。由青藏高原地区的国家级自然保护区生态系统类型及面积对比可得，三江源地区的自然保护区（隆宝、三江源、可可西里）总面积仅次于羌塘自然保护区，远高于其他自然保护区；生态系统类型丰富，涵盖湿地、森林、高寒草甸、高寒草原四大典型生态系统，多于羌塘自然保护区。与青藏高原相似，三江源地区的生态系统有独特性、原始性和脆弱性三大特征，需要重点保护。综上，三江源地区拥有面积最大、类型多样的高寒生态系统类型，是青藏高原草地生态系统的典型代表。

三江源地区也是我国青藏高原生态屏障重要的组成部分。三江源地区被称为"中华水塔"，是我国长江、黄河和国际河流澜沧江—湄公河的发源地，是我国水资源安全的战略基地。同时，三江源地区也是我国最大的天然湿地分布区，是野牦牛、藏野驴、藏羚羊、黑颈鹤等大批珍稀野生动物的栖息地，是我国江河中、下游和周边地区生态环境安全和区域可持续发展的生态屏障。

三江源地区是我国高质量荒野地的代表性区域。荒野地在 1994 年被世界自然保护联盟（IUCN）认定为一种正式的自然保护地类型，至今共有至少 48 个国家通过法律层面保护荒野保护地。可以说，荒野地的价值在世界范围内已经逐渐被认知与重视。从全国荒野地的空间布局上看，荒野地质量从西至东呈现出明显的递减态势，以青藏高原和塔里木盆地为主要分布。因此，发源于该地域的河流，包括长江、黄河、澜沧江、雅鲁藏布江、塔里木河等，也保持着较高的荒野价值与原始风貌。而三江源河流正是中国荒野指数最高的河流的集中分布区及代表区域。

2.4　生物多样性价值

　　三江源地区是世界上最重要的在地保护生物多样性的自然栖息地之一，主要体现在三江源地区是特有物种、濒危物种和大型食肉动物的重要栖息地和庇护所。

　　三江源国家公园地处青藏高原高寒草甸区向高寒荒漠区的过渡区，主要植被类型有高寒草原、高寒草甸和高山流石坡植被；高寒荒漠草原分布于园区西部，高寒垫状植被和温性植被有少量镶嵌分布。国家公园内共有维管束植物 760 种，分属 50 科 241 属。野生植物形态以矮小的草本和垫状灌丛为主，高大乔木有大果圆柏等；公园内共有野生动物 125 种，多为青藏高原特有种，且种群数量大。其中兽类 47 种，雪豹、藏羚、野牦牛、藏野驴、白唇鹿、马麝、金钱豹等 7 种为国家一级保护动物，藏狐、石貂、兔狲、猞猁、藏原羚、岩羊、豹猫、马鹿、盘羊、棕熊等 10 种为国家二级保护动物；鸟类 59 种，以古北界成分居优势，黑颈鹤、白尾海雕、金雕等 3 种为国家一级保护动物，大鵟、雕鸮、鸢、兀鹫、纵纹腹小鸮等 5 种为国家二级保护动物；鱼类 15 种[1]。

　　三江源地区三分之一的植物、60% 的动物、几乎所有哺乳动物为青藏高原特有种。生活在高寒草甸、高寒草原上的四种主要大型有蹄类食草动物均为青藏高原特有种，其中的藏羚（*Pantholops hodgsoni*）是伴随着青藏高原隆升过程演化而成的单属单型特有物种，在《世界自然保护联盟红色物种名录》（IUCN Redlist）中被列为濒危（EN），也是《濒危野生动物国际贸易公约》（CITES）附录 I 物种。野牦牛（*Bos mutus*）是青藏高原上体型最大的动物，在 IUCN Redlist 中被列为易危（VU），也是 CITES 附录 I 中的物种。青海可可西里的湖盆地区是目前已知规模最大的藏羚集中产羔地。虽然其面积仅占藏羚现有栖息地面积的 2.7%，但其中的藏羚产羔地面积占已知藏羚产羔地面积的 76.4%。每年初夏，雌藏羚从阿尔金山、羌塘和该区东部向腹地的湖盆集中迁徙。仅卓乃湖一地，每年就有超过 16000 只雌藏羚集中产羔。短暂的产羔季节结束后，大部分藏羚沿来路返回，但仍有个体在原地越冬，青海可可西里地区冬季居留的藏羚最多可达 40000 只以上，约占全球藏羚种群的 20% ～ 40%，繁殖季节比例则更高。青海可可西里生存的约 8000 ～ 15000 头野牦牛也占到了野牦牛全球种群的 32% ～ 50%，而面积仅占野牦牛现有分布面积的不足 6.4%。三江源自然保护区占多种哺乳动物、鸟类和两栖动物的全球分布栖息地面积的 10% 以上，因此是这些动物最重要的栖息地或最重要的栖息地之一。

　　青藏高原是地球上大型食肉动物种类最多、分布最密集、栖息地最

1　数据来源：三江源国家公园总体规划 . 2018.

完整的地区，三江源国家公园是青藏高原生境最丰富的地段之一。同时，三江源国家公园还是中国大型食肉动物最主要的庇护所之一。

目前地球上只有 5% 的陆地表面生活着超过四种大型食肉动物，这些区域集中分布在东南亚，东部和南部非洲，北美西北部。其中青藏高原生活了八种大型食肉动物，无论是食肉动物的种类数量，还是分布的密集程度、栖息地的完整性，都位居世界第一，而三江源国家公园是青藏高原上生境最丰富的地段之一。将三江源国家公园与同为高海拔地区的北美落基山脉、南美安第斯山脉、欧洲阿尔卑斯山脉进行大型食肉动物种类的比较，可见其种类最为丰富（表 2-2）。

三江源国家公园与世界其他主要高海拔地区大型食肉动物比较 　　　表 2-2

地区	生境最丰富地段	大型食肉类	中型食肉类	小型食肉类	水生食肉类
青藏高原	三江源	雪豹、猞猁、狼、豺、棕熊	金猫、赤狐、藏狐、狗獾、猪獾	兔狲、荒漠猫、豹猫、石貂、艾鼬、黄鼬、昏鼬	欧亚水獭
北美落基山脉	美国西北部	美洲狮、狼、棕熊	加拿大猞猁、短尾猫（红猞猁）、郊狼、赤狐、貂熊、美洲獾	美洲貂、白鼬、长尾鼬	北美水獭
南美安第斯山脉	厄瓜多尔—哥伦比亚地段	美洲狮、眼镜熊	山狐	安第斯猫、长尾鼬	水负鼠
欧洲阿尔卑斯山脉	东欧段	猞猁、狼、棕熊	赤狐、狗獾	欧林猫、石貂、林鼬、白鼬、伶鼬	欧亚水獭

2.5 文化价值

三江源地区是中国藏族文化、源头文化的核心区域，拥有丰富多样的文化资源。

三江源地区的传统文化，赋予这片高原生气与活力，并成为草原牧民必不可少的生活元素，包括民俗文化、商贸文化、宗教文化和军事文化等多种类型；同时，尊重生命、敬畏自然、和谐共存的理念长期影响着草原牧民的生活方式与行为准则，蕴含着古代先民纯朴的生态智慧，维持了这个地区几千年来的生态环境和生态系统稳定。寺院也承担了本地传统文化保护和传承的重要功能，保护和集成了大量物质与非物质文化遗产。

三江源地区是中华"生态水塔"，长江、黄河、澜沧江的发源地，在三江源地区的生态探索与文明溯源工程具有重要的科学研究意义和深远的文化影响。从元代黄河探源到21世纪三江正源，反映了华夏子民对文明起源的不断追溯；从建立三江源国家级自然保护区、三江源国家生态保护综合试验区到设立三江源国家公园，推进生态文明建设作为国家顶层战略在三江源地区落地生根，江源生态文化得到了有效保护、传承与发展。本地区独特的自然观、文化观在与现代科学保护融合的过程中，积极践行"绿水青山就是金山银山"的生态发展理念，也为牧民生活质量带来了切实改变。

2.6 美学价值

三江源国家公园拥有世界"第三极"地质地貌、星罗棋布的河流湖泊、变幻莫测的星云天象、矫健灵动的高原精灵、天人合一的藏地民俗，展现出壮美、秀美、幻美、健美、奇美、大美的卓越姿态。

远山连绵、朱白争辉的壮美山景——巍峨连绵的群山、独具韵味的丹霞、亘古以存的冰川集中展现了地质地貌的卓越壮美景象。

长河逶迤、星海棋布的秀美水景——蜿蜒逶迤的大河、一望无垠的海子、星罗棋布的湖泊共同构成了高寒水文景观的秀美景象。

苍穹无垠、星云莫测的绝美天象——一日四季的气候、璀璨夺目的星空、瞬息万变的风云呈现了绝美的天象景观。

精灵竞秀、生机盎然的健美生境——自由翱翔的珍禽、欢欣跃动的异兽、顽强生长的奇花异草是三江源国家公园充满盎然生机的生物健美景象的真实写照。

虔诚淡然、大德曰生的和美景象——高原独有的自然观、文化观构筑了三江源地区人与自然和谐共生的文化景观。

第三章

生态体验规划
研究

3.1　访客类型研究

3.1.1　潜在访客调查研究

　　为了解未来将要到访三江源国家公园的访客情况，本研究进行了较大范围的问卷调查。问卷采用网上发布的形式，共收到有效问卷1388份，按照IP地址统计，来自北京市和青海省的受访者最多，分别占比26.22%和20.82%，其次分别为四川、河南、福建、广东、江西、山西、上海和山东等省市，占比均不超过5%，国外受访者占比为2.95%。受访者的年龄分布较为集中，25～50岁之间受访者占比61.74%，18～24岁、51～65岁受访者占比分别为22.84%和13.26%。受访者学历在本科及本科以上者占比为90.64%，受访者男女比例相当（男性占比46.97%，女性占比53.03%）。

　　在潜在访客对三江源地区的了解程度方面，71.11%的受访者未曾到访过三江源地区。调查显示受访者对三江源地区的了解并不多。问卷涉及访客对三江源各方面价值的了解程度，调查结果换算为平均分和分项结果的显示如下（图3–1、图3–2）。

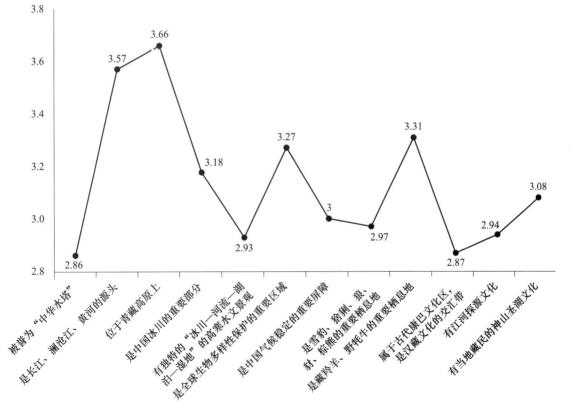

■　图3-1　潜在访客对三江源地区各类价值的了解情况得分

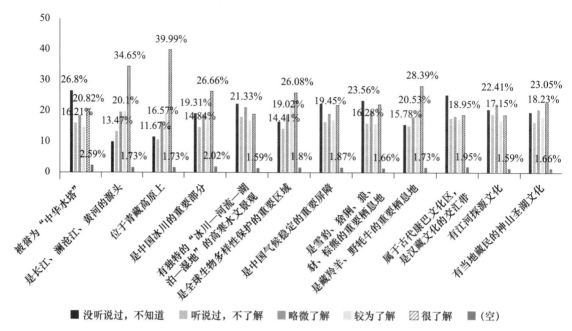

图例:
■ 没听说过,不知道　▨ 听说过,不了解　▨ 略微了解　▨ 较为了解　▨ 很了解　■ (空)

■ 图3-2　潜在访客对三江源地区各类价值的了解情况

在潜在访客对三江源地区的到访意愿和偏好方面,问卷调查了受访者是否愿意探访三江源地区,希望获得哪些收获,以及对停留时长、住宿、交通方式和同行人偏好等方面的意愿。调查结果如下图所示(图3-3、图3-4)。调查显示,希望探访三江源地区的受访者占总受访者人数的85%,三江源地区对公众的吸引力非常强。在访客希望获得哪些体验的问题上,得分最高前两个选项分别是"欣赏高原大美景观,享受自然","发现新事物,学习和了解这片土地"。可见在潜在访客中,传统的观光和猎奇型的旅游期望仍然是主流偏好。调查结果还显示潜在访客对"体

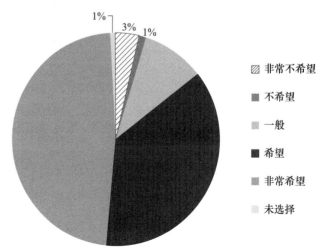

图例:
▨ 非常不希望
■ 不希望
▨ 一般
■ 希望
▨ 非常希望
▨ 未选择

■ 图3-3　"是否希望探访三江源地区"调查结果

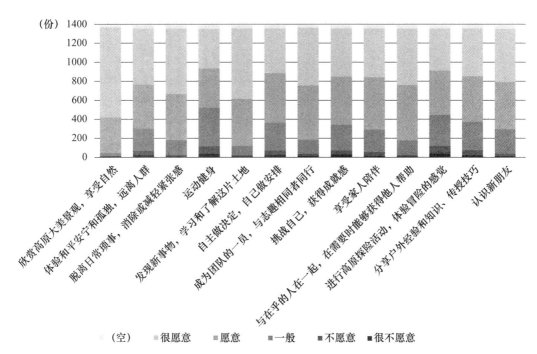

■　图 3-4　　"如果到访三江源，您希望获得哪些体验"调查结果

验和平、安宁和孤独""消除或减轻紧张感""分享户外经验和知识"
等新趋势在一定程度上被认可，上述选项获得较高的认可度。

　　在对潜在访客的访问偏好的调查方面，选择可以停留 2 ~ 7 天的访
客占大多数（图 3-5），住宿在牧民家里的选项获得了最多认可（图 3-6），
与二三好友同行或与家人共同前往获得了较高的接受度（图 3-7），自
驾车是最受欢迎的出行方式（图 3-8）。

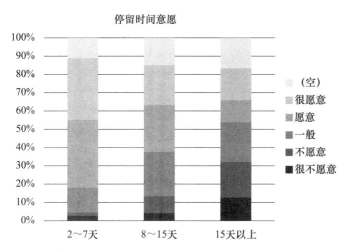

■　图 3-5　对停留时间意愿的调查结果

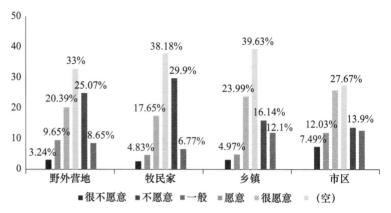

■ 图 3-6 对住宿意愿的调查结果

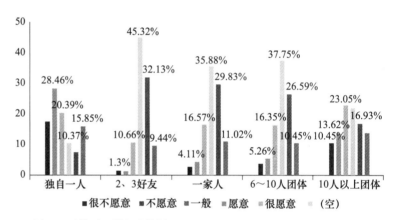

■ 图 3-7 同行意愿的调查结果

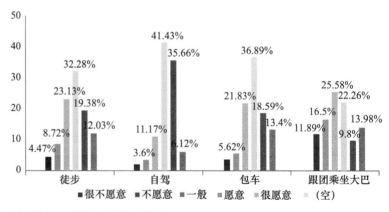

■ 图 3-8 出行方式的调查结果

在对潜在访客的环境教育偏好调查的方面，结果显示：在环境教育内容方面，三江源地区的各方面价值都得到受访者的关注（图 3-9）；在环境教育方式方面，当地牧民解说获得了最高的认可度，其次为专业人员的解说（图 3-10）；在环境教育场所方面，室外的和实时的解说教育将最受欢迎（图 3-11）。

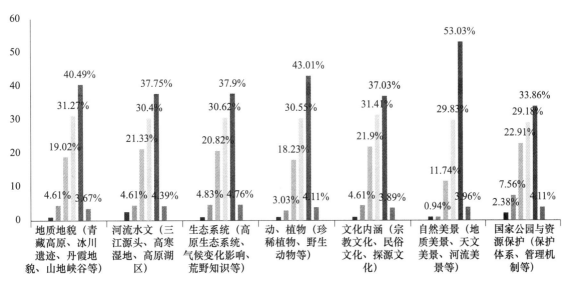

■　图 3-9　对环境教育内容偏好的调查结果

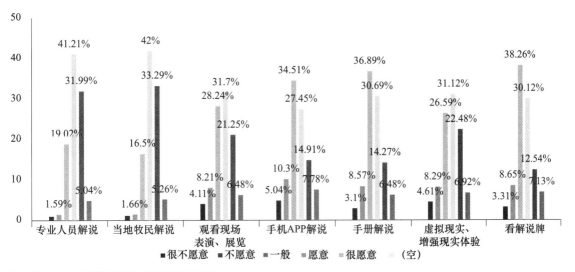

■　图 3-10　对环境教育方式偏好的调查结果

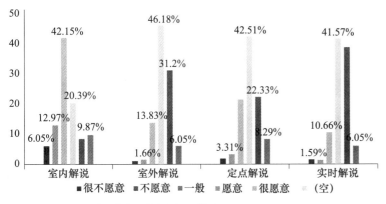

■　图 3-11　对环境教育场所偏好的调查结果

研究还考察了影响潜在访客生态体验满意度的因素，调查结果显示，受访者最关心的是能否获得文化、自然和科学等方面的知识，显示出环境教育效果对生态体验质量的关联关系（图3-12），其他受到较高关注的影响因素还包括体验线路组织是否合理、能否观察藏羚羊、雪豹等野生动物、能否发现珍稀植物等方面。在环境教育的满意度影响因素方面，对于解说教育内容的关注度最高，最受关注的问题包括解说内容有趣；解说教育内容是否简单、易懂；解说教育主题是否明确；解说教育内容的科学性等，其次为对解说教育方式方面的关注，如是否有足够的互动、能否参与当地牧民的生活等（图3-13）。

通过问卷调查，规划团队对潜在访客的意愿和偏好有一定程度的了解。但仍然需要注意的是，一方面，国家公园在我国尚属新鲜事物，公众对国家公园访客和探访国家公园的行为等概念尚未建立相对统一的或是正确的认识，对访客意愿和偏好的调查结果只能反映部分潜在访客基于以往经验的认识，对未来我国国家公园访客行为仍需引导和规范。另一方面，三江源地区属于高海拔、高寒地区，也是生态系统极为重要和敏感的地区，坚持"生态保护第一"是该地区的第一要义。因此，对于上述调研结果，为本研究提供基础信息，仅用于规划研究的参考而非依据。

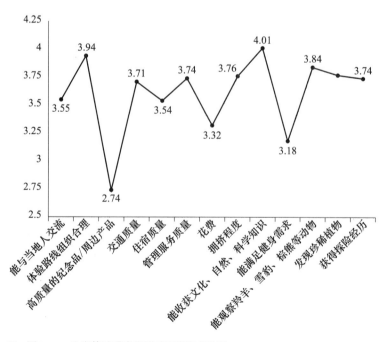

■ 图3-12　生态体验满意度影响因素调查结果

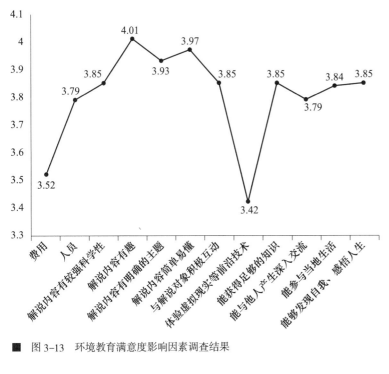

■ 图 3-13 环境教育满意度影响因素调查结果

3.1.2 访客类型分析

通过对三江源国家公园资源的本底价值进行判断，总结三江源国家公园生态体验活动与环境教育主要吸引的访客的特征。同时借鉴生态体验、游憩机会管理等相关理论和案例，得出以下访客类型（表3-1）。

访客类型分析 表 3-1

编号	访客类型	访客特征
V1	观光访客	以风景观光体验为主，需要相对舒适的体验环境
V2	自然爱好者	希望深度认识野生动植物、河湖地貌等自然要素
V3	文化寻旅者	希望了解和体验当地的历史与文化，寻求真实的文化体验经历
V4	绿色公益旅者	希望参与环保旅行、支教等活动，参加志愿服务活动等
V5	艺术追求者	绘画、摄影、电影拍摄等艺术爱好者或艺术家
V6	孩童	14岁以下的儿童和青少年，主要以长期居住在高原的当地或附近地区儿童为主
V7	高原健体访客	强调健康养生，体验户外运动
V8	高原牧民	前来追溯格萨尔王历史，体验三江源地区传统文化的高原地区牧民，主要包括青藏高原、云贵高原等地区
V9	科考工作者	前来进行野生动植物、地质地貌、社区和历史文化等方面的科学研究人员
V10	极限爱好者	追求自我挑战，体验生命极限
V11	个性体验追求者	追求独特且定制化的体验
V12	本地牧民访客	三江源国家公园内希望参与环保事业的本地牧民

3.2 体验项目研究

3.2.1 体验项目分析

研究设定了24个体验项目，表3-2对项目的主要内容和活动类型进行了简要描述。附录1提供了每个体验项目的具体体验内容、解说教育内容、行为管控、牧民参与和相关监测体系等具体要求。附录2提供了体验项目的空间分布信息。

体验项目一览表　　　　　　　　　　　　　　　　　　　　　　　　　　　表3-2

编号	体验项目	项目描述	主要活动
E01	江河探源	访客徒步感受黄河及长江的探源文化，了解从古至今的探源故事与传说。在黄河文化源头登牛头碑，望扎陵湖、鄂陵湖；在长江北源沿着楚玛尔河经过昆仑山口，观赏静静流淌的红河水，两岸起伏的沙丘与褐黑色的河谷，并了缤纷色彩的地质变迁故事	溯源、观景
E02	堤闻啼鸟	访客可以在鄂陵湖和冬格措纳湖观鸟，聆听鸟的鸣叫，体验自然；在观赏平台上摄影，留下美好的画面	观景、聆听
E03	藏地史诗	访客在聚落处聆听格萨尔说唱艺人说唱藏族史诗《格萨尔王传》，或观看藏民们的小规模歌舞表演；还可自行携带AR设备，在《格萨尔史诗》提及的现实场景中，通过AR看到故事中描述的场景	VR观景、听讲解、观歌舞
E04	高原圣行	访客在结古寺、禅古寺、扎西拉武寺等藏传佛教寺庙中体验僧侣的修行活动，一方面增长有关藏传佛教的知识，另一方面可以洗去尘俗，求得身心的愉悦和欢欣	研习
E05	极目天河	临河远眺：在星星海旁驻足远望，感受天、水、人合一的心境，追忆历代各族人民探寻黄河源头的历史	观景
E06	流云垂野	访客在年都宿营地附近的开阔地观云，感受云卷云舒的万千变化；也可在玛多星星海附近进行观云，感受云与水的交融。三江源地区具有"一日四季"的天气特征，该项目旨在通过观云这一特殊活动来引导访客感受自然的变化	观景、眺望、摄影
E07	酥油下午茶	访客进入当地牧民家里，与牧民一起制作酥油茶、青稞饼和牦牛酸奶，享用牦牛酸奶、酥油茶、风干牛肉、羊肉包子等高原美食，并听牧民讲述当地传统的生活习俗和生态文化	前往牧民家中深度体验美食和牧民生活
E08	我在三江源	访客以某种动物（如雪豹、藏羚羊等）的视角感受三江源国家公园中的一切，使用移动端的互动游戏，配合博物馆、生态体验中心等解说基地的动手参与，了解三江源国家公园中各类要素的日常互动与人类行为对生态系统各要素的影响。参与者在完成一定量任务后可获得相应身份的纪念奖章或周边奖品	参与游戏类教育课程
E09	邂逅动物	访客沿途能看到藏羚羊、藏原羚、黑颈鹤、藏狐等多种野生动物和一望无际的湿地景观，在不影响野生动物的前提下，随时进行野生动物的观察、摄影	观景、摄影、发现野生动物
E10	野境寻踪	由当地NGO（非政府组织，Non-Government Organization，以下简称NGO）组织或索加乡当地牧民带领访客开车进入指定线路，观察、拍摄野生动物，访客也可由当地牧民带领步行进入山地及荒野区域，观察野生动物	珍稀动物观察与认知
E11	荒野求知	访客参与国家公园的科研和监测活动；参与高原生态系统、土壤、水系、地质、动植物等的科学考察；参与动植物物种或样地监测；参与民族植物学、神山圣湖体系等社会学调研；鼓励自定科研计划或课题	参与科研

续表

编号	体验项目	项目描述	主要活动
E12	昂赛之径	访客在澜沧江园区昂赛大峡谷景区里徒步或骑马，沿途欣赏分布在海拔3800m以上的植物垂直带谱和丹霞地貌	乘车、观景
E13	荒野之息	访客可以在三江源国家公园长江园区野驴滩和库赛湖周边感受荒野的魅力，用眼睛捕捉草原上的生灵，用耳朵倾听寒风中的呢喃，用口鼻体会大自然的味道	溯源、眺望、观景、感悟
E14	地质奇观	沿途驾车一路观赏地质地貌资源，配合手册和手机APP解说，感受大自然地质博物馆的魅力，深刻认识三江源历史上地质景观的演变过程	观景、摄影
E15	奇花探秘	每位访客配备三江源国家公园的植物手册，跟随植物认知专家和当地向导，认识沿途的神奇植物，掌握植物识别方法，了解其高寒植物的生存条件、生长习性、保护现状和文化特质	珍稀植物发现与认知
E16	勇攀高峰	组织登山爱好者在玉珠峰，各拉丹冬峰开展进行登山技术培训，开展登山活动	徒步、攀登、极限运动
E17	纯牧探略	访客深度参与牧民的放牧活动，以了解藏族的"不动土的农牧混合经营""转场浅牧"与"多畜并牧"生计方式，并且从中了解对冻土层、野生动物的保护等的生态知识	参与放牧
E18	昂赛掠影	访客在年都帐篷宿营地附近，结合徒步路线沿途进行观鸟活动	观景、摄影
E19	年都夜暖	访客在澜沧江园区昂赛乡年都村营地体验牧民生活，享用草原美食、欣赏民族歌舞和英雄史诗。夜晚，访客可在距离宿营地半公里外的开阔地进行观星和星空摄影活动	宿营、篝火体验、观星、星空摄影
E20	牧民科学家	将社区牧民作为访客，鼓励社区参与国家公园的科研和监测活动。包括红外相机监测、草场质量监测、民族植物调研等	参与监测管理
E21	徒步圣境	访客在三江源地区的神山圣湖区域（自然圣境）中徒步，观赏独特的自然风光，感受悠久的神山圣湖文化	在自然圣境中徒步、观景、感悟
E22	溯源河巅	追溯黄河、长江及澜沧江的河源地，在高原之巅的湿地、冰川群及雪山脚下，见证江河之源的壮丽。包括追溯发源于各自各雅峰那扎陇查河的黄河正源，发源于各拉丹东雪山为沱沱河提供着潺潺流水的长江中源，发源于高山峡谷地区的吉富山冰川河流谷涌曲的澜沧江地理正源与当地的民间传说则的文化正源"扎西气娃湖"	溯源、观景、感悟
E23	知游江河	组织漂流爱好者或青少年团体在澜沧江的杂多县到觉拉村段开展漂流活动，同时辅以徒步、露营和自然教育	观景、漂流
E24	守望江源	生态巡礼：成为可可西里保护站的一份子，参与生态巡护、野生动物救助等；江源卫士：成为NGO的一份子，参与生态环境状况考察、环境教育工作；帮助工作人员学习科学文化知识，为保护工作建言献策，回到原籍后开展影展、演讲等多种形式的宣传活动	参与志愿巡护

在体验项目的设计方面，本研究的以下考虑与以往规划有显著区别。

其一，严格限制体验项目的总量和可能产生的人类活动对自然环境和生态系统的干扰。体验设计的出发点并不是单纯要满足所有潜在访客的需求，而是时刻考虑如何在控制体验影响最小化的前提下设定生态体验项目。为此，对体验项目的规划有以下几个方面的特殊措施。（1）对于每个体验项目，都有明确的空间点位和线路构成，按照我们的设想，访客将被严格限定在规划设定的空间范围内，但空间范围并不一定要有明确的地物信息（如围栏、牌示，甚至是道路）来表示，而是通过包含地图信息的手册、信息技术（如定位系统）、经过培训的陪同牧民和访客开始其体验之旅之前的培训和沟通来实现。这也是使得国家公园内的人工设施数量最小化、影响最小化的手段之一。（2）体验项目的设定均利用已有的道路、观景台、寺庙、社区，以及借由已有规划的保护、监测和管理设施来实现，本规划研究做到不因为生态体验活动的开展而新增任何人工设施。（3）为每个生态体验项目设定了访客容量控制要求、监测要求、牧民参与要求（详见附录1）。对于每一项目的细致要求是进行严格管控和精细化管理的前提，也是访客能够获得高质量体验并控制影响最小化的保障。

其二，重视访客全方位的身心体验，而非仅仅是"观光"。与以往规划不同的是，体验项目不仅包括传统意义上的"观光"活动，而要重点强调的是"体验"，是通过对眼、耳、鼻、舌、身、心"六感"的调动，让访客能够全方位的沉浸在三江源国家公园的自然和文化环境中（表3-3）。改变以往一般的旅游景点的观光式、相对短程和肤浅的旅游方式，为我国国家公园的生态体验方式探索新的适宜路径。为了让访客能够获得更好的体验，在每一体验项目的设计上同时考虑多重因素的共同作用，包括体验对象的特征、体验活动的特征、访客投入的特征，以及需要体验的价值等，这些分析内容会在3.2.2～3.2.4中进一步阐述。另外，为了实现访客高品质的体验，本规划还采取了3项措施。（1）为每个体验项目命名，希望未来国家公园的预约系统能够以体验项目来进行单独预约，而并非只为进入国家公园而进行"门票式"的预约，即每一位访客

访客体验活动和主要体验方式的对位关系 表3-3

类型	价值						
	全方位（六感）	眼（视觉）	耳（听觉）	鼻（嗅觉）	舌（味觉）	身（触觉）	心（感觉）
一类		E03 藏地史诗 E05 极目天河 E09 邂逅动物 E12 昂赛之径 E14 地质奇观 E15 奇花探秘	E02 堤闻啼鸟 E19 年都夜暖	E06 流云垂野 E15 奇花寻踪	E07 酥油下午茶	E04 高原圣行 E08 我在三江源 E19 年都夜暖	E01 江河探源 E06 流云垂野
二类		E18 昂赛掠影		E17 纯牧探略		E17 纯牧探略	
三类	E10 野境寻踪 E11 荒野求知 E13 荒野之息 E21 徒步圣境 E23 知游江河 E24 守望江源	E22 溯源河巅		E13 荒野之息		E16 勇攀高峰 E20 牧民科学家	

能否进入国家公园，取决于是否能够预约到合适的体验项目，体验项目的预约受到每一项目的可承受规模的限制，从而实现精细化的管理，也为每一位访客提供最为合适的服务。同时，对体验项目的命名，并非是为"景点"的命名，对于同一地点的体验，不同的人会有不同的需求、不同的价值会呈现不同的体验要求，采用了对体验项目命名的方式，在于进一步强化所要呈现的价值，而非对于某一地点的宣传。（2）规定每一体验的小组容量。这一内容可在附录中查看。尽管本研究也进行了整体容量、生态足迹等方面的测算，但对于三江源国家公园这一地域辽阔、生态敏感脆弱的地区，严格限制访客规模、严格管理访客行为必须是生态体验得以开展的第一原则。因此，为每一生态体验项目限定了小组容量，既保证影响最小化，也保证访客体验的最佳化。如部分荒野地区的体验项目，小组容量的测算依据是一个小组成员在其全程访问中不会与另一小组成员相遇，这样才能充分展现三江源荒野的价值。（3）建立生态体验与环境教育的"强联系"。每一体验项目所要进行的环境教育内容也可在附录中查看，本研究保证了总体上环境教育内容对价值的全覆盖，也突出了每一体验项目对环境教育内容的覆盖程度和侧重点，让访客得到切实的收获。

其三，访客涵盖所有到访三江源国家公园的人员，不仅是传统意义上的"游客"，也设计了针对当地牧民、志愿者、科研人员等"特殊群体"的体验活动。这一设计一方面可以更好地展现三江源国家公园的价值、实现其全民公益性的目标，另一方面，也希望将所有访客纳入管理与监测，从而实现全面、精准、高效的国家公园管理。

3.2.2 体验机会分析

通过对每项访客体验机会进行体验对象特征（可感性、可达性、氛围要求）和体验活动特征（时间投入、体力投入、舒适度）的分析，归纳出三类访客体验活动的机会谱系（图3-14，表3-4）。

一类访客体验机会：较易感知体验对象，体验空间可达性较强，可以同时容纳一定访客规模参与体验活动，对于体验活动的氛围营造要求较低；访客参与活动的时间投入较小，体力耗费较低，整个体验过程较为舒适。

二类访客体验机会：可以感知体验对象，体验空间可达性适中，体验活动的开展对访客规模有一定要求，有一定的氛围营造需求；访客参与活动需要一定的时间和体力投入，体验过程舒适度适中。

三类访客体验机会：很难感知体验对象，体验空间可达性较差，体验活动只能针对几个访客同时进行，对于氛围的营造要求也相对较高；

访客参与活动的时间、体力投入均很大，体验过程舒适度较低，有一定的挑战性。

三类体验机会与三类体验线路对应，从一类到三类，体验的深度逐渐加强，配合的环境教育深度与之呼应，适应不同类型访客和不同关注点的访客需求，同时也对应着不同程度的管理和服务。

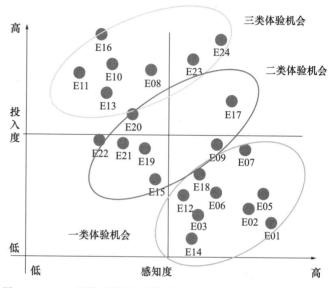

■ 图 3-14 一二三类体验机会构成分析

图例

级别	体验对象特征（感知度）			体验感受特征（投入度）		
	可感性	可达性	舒适度	时间投入	体力投入	氛围要求
高						
中						
低						

访客体验活动分类 表 3-4

体验项目	类型	可感性	可达性	舒适度	时间投入	体力投入	氛围要求
E01 江河探源	一类						
E02 堤闻啼鸟	一二类						
E03 藏地史诗	一类						
E04 高原圣行	一类						
E05 极目天河	一类						
E06 流云垂野	一二类						
E07 酥油下午茶	三类						
E08 我在三江源	三类均有						
E09 邂逅动物	一类						
E10 野境寻踪	三类						
E11 荒野求知	三类						
E12 昂赛之径	一二类						
E13 荒野之息	三类						

续表

体验项目	类型	可感性	可达性	舒适度	时间投入	体力投入	氛围要求
E14 地质奇观	一类						
E15 奇花探秘	三类均有						
E16 勇攀高峰	三类						
E17 纯牧探略	二类						
E18 昂赛掠影	二类						
E19 年都夜暖	二类						
E20 牧民科学家	三类						
E21 徒步圣境	三类						
E22 溯源河巅	三类						
E23 知游江河	三类						
E24 守望江源	三类						

3.2.3　体验项目与价值、访客类型的关系分析

分别将生态体验活动类型、主要的访客类型、生态体验活动和解说教育所依托的主要价值进行一一对位，分别得到：22 项三江源国家公园的主要展示价值与 24 种访客生态体验项目的对位关系，明确每项价值的展示所依托的体验活动（表 3-5）；12 类访客与 24 种访客生态体验活动及价值的对应关系，明确每一类访客所主要适宜进行的生态体验活动，明确每一种生态体验活动主要适宜的访客（表 3-6）。

价值与体验的对位关系　　　　　　　　　　　　　　　　　　表 3-5

序号	价　值	体　验
01	·NV1 世界"第三极"的广袤腹地	E16 勇攀高峰；E22 溯源河巅；E05 极目天河；E24 守望江源
02	·NV2 中国冰川的重要组成部分	E16 勇攀高峰；E22 溯源河巅；E24 守望江源
03	·NV3 拥有青藏高原最完整的白垩纪丹霞地貌之一	E12 昂赛之径；E14 地质奇观；E21 徒步圣境；E23 知游江河；E24 守望江源

序号	价 值	体 验
04	• NV4 丰富的地貌景观反映了地质活动	E01 江河探源；E11 荒野求知；E14 地质奇观；E24 守望江源
05	• NV5 长江、黄河、澜沧江的发源地	E01 江河探源；E11 荒野求知；E16 勇攀高峰；E22 溯源河巅；E23 知游江河；E05 极目天河；E24 守望江源
06	• NV6 中国大江大河发育最多区域	E01 江河探源；E16 勇攀高峰；E22 溯源河巅；E05 极目天河；E24 守望江源
07	• NV7 世界上海拔最高、面积最大及数量最多的高原内陆湖群区	E01 江河探源；E22 溯源河巅；E05 极目天河；E24 守望江源
08	• NV8 中国湖泊分布最密集的区域	E21 徒步圣境；E22 溯源河巅；E05 极目天河；E24 守望江源
09	• NV9 世界上海拔最高、面积最大的高寒湿地区	E22 溯源河巅；E24 守望江源
10	• NV10 东亚气候稳定的重要屏障	E15 奇花寻踪；E22 溯源河巅；E24 守望江源
11	• NV11 青藏高原生态系统的典型代表	E08 我在三江源；E11 荒野求知；E13 荒野之息；E15 奇花探秘；E16 勇攀高峰；E24 守望江源
12	• NV12 青藏高原生态屏障重要的组成部分	E15 奇花寻踪；E22 溯源河巅；E24 守望江源
13	• NV13 中国高质量荒野地代表区域	E11 荒野侦探；E13 荒野之息；E15 奇花寻踪；E22 溯源河巅；E23 知游江河；E24 守望江源
14	• NV14 最重要的在地保护生物多样性的自然栖息地	E02 堤闻啼鸟；E08 我在三江源；E09 邂逅动物；E10 野境寻踪；E11 荒野求知；E12 昂赛之径；E13 荒野之息；E15 奇花探秘；E17 纯牧探略；E18 昂赛掠影；E20 牧民科学家；E24 守望江源
15	• NV15 大型食肉动物的主要庇护所	E01 江河探源；E08 我在三江源；E09 邂逅动物；E10 野境追踪；E11 荒野求知；E20 牧民科学家；E21 徒步圣境；E22 溯源河巅；E24 守望江源
16	• NV16 丰富多元的文化属性	E03 藏地史诗；E04 高原圣行；E07 酥油下午茶；E11 荒野求知；E17 纯牧探略；E21 徒步圣境；E23 知游江河；E24 守望江源
17	• NV17 新时代生态文化观	E03 藏地史诗；E04 高原圣行；E07 酥油下午茶；E17 纯牧探略；E19 年都夜暖；E21 徒步圣境；E24 守望江源
18	• NV18 远山连绵、朱白争辉的壮美山景	E12 昂赛之径；E13 荒野之息；E14 地质奇观；E16 勇攀高峰；E21 徒步圣境；E22 溯源河巅；E23 知游江河；E24 守望江源
19	• NV19 长河逶迤，星海棋布的秀美水景	E01 江河探源；E21 徒步圣境；E22 溯源河巅；E23 知游江河；E05 极目天河；E24 守望江源

续表

序号	价　　值	体　　验
20	·NV20 苍穹无垠、星云莫测的绝美天象	E06 流云垂野；E16 勇攀高峰；E19 年都夜暖；E23 知游江河；E24 守望江源
21	·NV21 精灵竞秀、生机盎然的健美生境	E02 堤闻啼鸟；E08 我在三江源；E09 邂逅动物；E10 野境追踪；E15 奇花探秘；E18 昂赛掠影；E24 守望江源
22	·NV22 虔诚淡然，大德曰生的大美文化	E03 藏地史诗；E04 高原圣行；E07 酥油下午茶；E17 纯牧探略；E19 年都夜暖；E21 徒步圣境；E24 守望江源

体验项目与访客人群、价值类型的对应关系　　　　　　　　　表 3-6

编号	体验项目	主要适合人群	价值类型
E01	江河探源	V1、V3	水文、生态系统、文化、审美
E02	堤闻啼鸟	V1、V2、V9	生物多样性、生态系统、水文、审美
E03	藏地史诗	V3、V6、V8	文化、生态系统、审美
E04	高原圣行	V3、V8、V12	文化、生态系统、生物多样性、审美
E05	极目天河	V1、V2、V5	水文、生态系统、审美
E06	流云垂野	V1、V2、V6	审美、生态系统、地质地貌
E07	酥油下午茶	V3、V5、V6、V9	文化、生态系统
E08	我在三江源	V2、V4、V6	生态系统、生物多样性、地质地貌、水文
E09	邂逅动物	V2、V5、V6、V9	生物多样性、生态系统、水文、地质地貌、审美
E10	野境寻踪	V2、V5、V6、V9、V10、V11	生态系统、生物多样性
E11	荒野求知	V2、V4、V9、V11	生态系统、生物多样性、审美
E12	昂赛之径	V1、V2	地质地貌、生态系统、生物多样性、文化、审美
E13	荒野之息	V2	生态系统、审美、水文生物多样性
E14	地质奇观	V1、V2、V5、V6、V9	地质地貌、审美、生态系统、生物多样性
E15	奇花探秘	V2、V6	生物多样性、生态系统、水文、审美
E16	勇攀高峰	V10、V11	审美、文化、地质地貌、水文
E17	纯牧探略	V2、V3、V5、V6、V9	文化、生态系统、生物多样性、审美
E18	昂赛掠影	V1、V2	生物多样性、生态系统、审美、文化
E19	年都夜暖	V1、V3、V5	生态系统、文化、地质地貌、生物多样性
E20	牧民科学家	V12	生物多样性、生态系统、地质地貌、水文、文化
E21	徒步圣境	V3、V8、V11	文化、地质地貌、审美、生态系统、生物多样性

编号	体验项目	主要适合人群	价值类型
E22	溯源河巅	V3、V10	水文、地质地貌、生态系统、文化
E23	知游江河	V2、V10、V11	水文、审美、地质地貌、生态系统、文化
E24	守望江源	V4、V9、V11	生态系统、生物多样性、文化、审美

3.3 体验线路研究

通过对体验的结合，整合出三类体验线路：一类体验线路、二类体验线路、三类体验线路。总体上，三类体验线路的体验深度可以用遇见、感受、体悟来概括。体验线路空间分布详见附录2。

一类访客体验线路共有6条，分别以西宁、玛多、玉树、曲麻莱、格尔木为起点，能够促成访客更为全面、完整地体验三江源国家公园。每条一类线路花费的时间为1～2天。

二类访客体验线路将每一项二类访客体验机会赋予相应的活动空间和时间。每项二类体验机会的时间有很大不同，为2～6h。

三类访客体验线路是为三类访客体验机会而设置，多为专项线路，花费时间很长，短则6h，长则几天。

3.3.1 一类体验线路

一类体验线路共6条，分别为"西宁—玛多—双湖"线、"玛多—玉树"线、"玉树—杂多—治多"线、"玉树—曲麻莱"线、"曲麻莱—可可西里"线、"格尔木—可可西里"线。其中，以"曲麻莱—可可西里"线最长，总长为602.24km，"玉树—曲麻莱"线最短，为208.68km（表3-7）。

一类访客体验线路一览表   表3-7

线路名称	体验机会	体验空间	所需时间
西宁—玛多—扎陵湖/鄂陵湖	E01 江河探源	扎陵湖、鄂陵湖	4h
	E02 堤闻啼鸟	勒那村、牛头碑	1～2h
	E03 藏地史诗	玛多县城	1～2h

续表

线路名称	体验机会	体验空间	所需时间
西宁—玛多—扎陵湖/鄂陵湖	E06 流云垂野	玛多黄河桥	1～2h
	E07 酥油下午茶	扎陵湖乡	3h
	E08 我在三江源	玛多县城、阿涌村	0.5h
	E15 奇花探秘	勒那村、扎陵湖边	2h
玛多—玉树	E03 藏地史诗	玛多县城、玉树州	1～2h
	E04 高原圣行	卡纳寺、结古寺、禅古寺、文成公主庙、六字真言、玉树观景台、嘉那石经城	2～4h，访客身体力行
	E08 我在三江源	玛多县城、玉树州	0.5h
	E09 邂逅动物	玛多到玉树线	1.5h
玉树—杂多—治多	E03 藏地史诗	玉树州	1～2h
	E04 高原圣行	结古寺、禅古寺、文成公主庙、扎西拉武寺	2～4h，访客身体力行
	E05 极目天河	昂赛乡	0.5h
	E07 酥油下午茶	昂赛乡、昂赛林地保护站	3h
	E08 我在三江源	玉树州、杂多、山水自然保护中心昂赛工作站	0.5h
	E12 昂赛之径	昂赛大峡谷	4h
	E15 奇花探秘	公路沿线	2h
玉树—曲麻莱	E03 藏地史诗	玉树州	1-2h
	E04 高原圣行	贡噶寺、禅古寺	2～4h，访客身体力行
	E14 地质奇观	玉树到治多线公路沿线、杂多到治多公路沿线	2h
曲麻莱—可可西里	E01 江河探源	长江七渡口—红河沙丘的线路	4h
	E09 邂逅动物	曲麻莱到不冻泉线，含红旗村、措池村、多秀村、勒尺村	4h
	E15 奇花探秘	曲麻河以南公路沿线	3h
格尔木—可可西里	E03 藏地史诗	格尔木影剧院	1-2h
	E09 邂逅动物	格尔木到索站线	3h

3.3.2 二类体验线路

二类体验线路共 10 类，分别为堤闻啼鸟、藏地史诗、高原圣行、流云垂野、我在三江源、昂赛之径、奇花探秘、纯牧探略、昂赛掠影、年都夜暖。各项访客体验机会用时不等（表 3-8）。

二类访客体验线路一览表   表 3-8

序号	线路主题	体验项目	空间点位	所需时间
01	E02-B 堤闻啼鸟线	堤闻啼鸟	冬格错那湖边	1～2h
02	E03-B 藏地史诗线	藏地史诗 1	王妃珠姆遗址	0.5h
		藏地史诗 2	格萨尔王赛马称王草原	0.5h
		藏地史诗 3	牛头碑以西观景台	0.5h
03	E04-B 高原圣行线	高原圣行 1	和科寺	2～4h，访客身体力行
		高原圣行 2	多卡寺	2～4h，访客身体力行
		高原圣行 3	尕藏寺	2～4h，访客身体力行
		高原圣行 4	拉布寺	2～4h，访客身体力行
		高原圣行 5	龙喜寺	2～4h，访客身体力行
04	E06-B 流云垂野线	流云垂野	年都村营地	1～2h
05	E08-B 我在三江源线	我在三江源 1	扎河乡	0.5h
		我在三江源 2	阿依地	0.5h
06	E12-B 昂赛之径线	昂赛之径 1	昂赛大峡谷骑行体验线	2h
		昂赛之径 2	昂赛大峡谷步行体验线	5h
07	E15-B 奇花探秘线	奇花探秘 1	冬格错那湖边	6h
		奇花探秘 2	冬格错那湖边	6h
		奇花探秘 3	冬格错那湖边	6h
08	E17 纯牧探略线	纯牧探略 1	和科寺附近村	2 天
		纯牧探略 2	代曲村	2 天
		纯牧探略 3	团结村	2 天
09	E18 昂赛掠影线	昂赛掠影	昂赛大峡谷步行体验线	3～6h
10	E19 年都夜暖线	年都夜暖	年都村营地	3h

3.3.3 三类体验线路

三类体验线路共 13 类，分别为藏地史诗线、高原圣行线、我在三江源线、野境寻踪线、荒野求知线、荒野之息线、奇花探秘线、勇攀高峰线、牧民科学家线、徒步圣境线、知游江河线、溯源河巅线、守望江源线。每项访客体验机会的时间、体力投入不等，但大多均耗费较大，多不能依靠机动交通工具（表 3-9）。

三类访客体验线路一览表 表 3-9

序号	线路主题	体验项目	空间点位
01	E02-C 藏地史诗线	藏地史诗	神山牧场
02	E04-C 高原圣行线	高原圣行	赛康寺
03	E08-C 我在三江源线	我在三江源	索加乡
04	E10 野境寻踪线	野境寻踪 1	从扎河乡到索加乡
		野境寻踪 2	昂赛
05	E11 荒野求知线	荒野求知 1	勒那村
		荒野求知 2	山水自然保护中心昂赛工作站
		荒野求知 3	不冻泉保护站
		荒野求知 4	索南达杰保护站
		荒野求知 5	卓乃湖保护站
		荒野求知 6	五道梁保护站
		荒野求知 7	沱沱河保护站
06	E13 荒野之息线	荒野之息 1	野驴滩
		荒野之息 2	库赛湖
07	E15-C 奇花探秘线	奇花探秘 1	扎西拉武寺以北
		奇花探秘 2	扎西拉武寺以北
08	E16 勇攀高峰线	勇攀高峰 1	玉珠峰
		勇攀高峰 2	格拉丹东
09	E20 牧民科学家线	牧民科学家	各体验地
10	E21 徒步圣境线	徒步圣境 1	尕朵觉悟
		徒步圣境 2	江嘉多德
		徒步圣境 3	喇嘛诺拉
		徒步圣境 4	瓦里
11	E23 知游江河线	知游江河	昂赛大峡谷
12	E22 溯源河巅线	溯源河巅 1	那扎陇查河源
		溯源河巅 2	那扎陇查河源

续表

序号	线路主题	体验项目	空间点位
12	E22 溯源河巅线	溯源河巅 3	扎西气娃
		溯源河巅 4	姜古迪如冰川
		溯源河巅 5	雀莫错
		溯源河巅 6	纳塘卡
13	E24 守望江源线	守望江源 1	巴干乡寄宿学校
		守望江源 2	山水自然保护中心昂赛工作站
		守望江源 3	卓乃湖保护站
		守望江源 4	不冻泉保护站
		守望江源 5	索南达杰保护站
		守望江源 6	五道梁保护站
		守望江源 7	沱沱河保护站

第四章

环境教育规划研究

4.1　环境教育定位

　　三江源国家公园的环境教育基于国家公园价值，进行生态伦理、生态科普、国家公园常识教育及法律法规教育。三江源国家公园作为首批国家公园，应成为面向全国民众的自然环境教育窗口，引导公众走进自然、理解自然、感悟人与自然的关系、树立正确的环境观、掌握保护自然环境的基本方法。

　　三江源国家公园环境教育的对象是全体民众，旨在让访客和广大民众对三江源的自然环境和文化有一定了解，在了解知识的基础上，开启民众对环境、自然、生命等命题的感悟。这是国家公园全民公益性的体现。不仅对国家公园访客的生态体验起到良好的环境教育作用，让访客能够更好的体验到国家公园的价值，同时，也是面向全体民众的，向全民展现国家公园的自然绝景、阐释文化价值、激发热情。

　　三江源国家公园应努力成为面向全国民众的自然环境教育窗口，引导公众走进自然、理解自然、感悟人与自然的关系，梳理正确的环境观、掌握保护自然环境的基本方法。成为激发全民对自然的热爱、引发其兴趣、帮助其建立自然与文化保护意识的助推器，成为大众与国家公园理工作人员、各类专业人士就国家公园进行交流互动的平台。

4.2　环境教育内容

4.2.1　环境教育专题

　　三江源国家公园的环境教育应以三江源地区的本底价值为框架，教育内容覆盖所有专题类型，以专题和知识点为扩展（表4-1）。

　　三江源国家公园环境教育专题类型为地质地貌、水资源、生态系统、生物多样性、文化、审美、国家公园与保护。前6项聚焦国家公园本身的资源与价值，指向科普与生态伦理教育。最后1项扩展至国家公园运营、自然与文化保护体系等内容，用于国家公园常识教育，并对国家公园的政策、法规进行宣教。

三江源国家公园环境教育专题类型表 表 4-1

编号	专题类型
1	地质地貌
2	水资源
3	生态系统
4	生物多样性
5	文化
6	审美
7	国家公园与保护

各项专题框架下包括价值概述、价值分述、干扰与威胁、保护管理政策，生态伦理教育、科普教育参考价值概述，并从价值分述中确定教育宣传素材，解说专题详见表 4-2。环境教育专题的空间分布根据体验项目的空间、城镇空间、现有设施空间等内容的分布来进行规划。各城镇空间（可能在国家公园边界范围之外）是复合专题的重要场所，各解说专题均沿体验线路、生态体验的价值载体占位进行分布，见附录 2。

三江源国家公园解说教育专题表 表 4-2

编号	解说专题类型	编号	解说专题
1	地质地貌	11	价值概述
		12	高原腹地
		13	冰川
		14	昂赛丹霞
		15	地质运动
		16	山地峡谷
		17	干扰与威胁
		18	保护管理对策
2	水资源	21	价值概述
		22	三江源头
		23	高寒湿地
		24	高原湖区
		25	水文景观
		26	干扰与威胁
		27	保护管理对策
3	生态系统	31	价值概述
		32	高原生态系统

续表

编号	解说专题类型	编号	解说专题
3	生态系统	33	高原生态屏障
		34	气候变化
		35	荒野地
		36	干扰与威胁
		37	保护管理对策
4	生物多样性	41	价值概述
		42	重要动植物栖息地
		43	大型食肉动物庇护所
		44	干扰与威胁
		45	保护管理对策
5	文化	51	价值概述
		52	民俗文化
		53	宗教文化
		54	探源文化
		55	生态文化
		56	文化交流
		57	干扰与威胁
		58	保护管理对策
6	审美	61	价值概述
		62	地质美
		63	水文美
		64	气象美
		65	生物美
		66	文化美
		67	干扰与威胁
		68	保护管理对策
7	国家公园与保护	71	国家公园体系与运营
		72	自然保护
		73	文化保护

4.2.2　环境教育知识点

知识点用以阐释各解说专题的要点，环境教育知识点的解说对象不局限于园区内，宜适当扩展至国家、世界范围的相关内容，按知识点来丰富环境教育的展陈、出版物、教育课程、宣传片等环境教育材料。7项专题共设277个解说知识点。详见附录3三江源国家公园环境教育知识点一览表。

4.3 环境教育深度

4.3.1 环境教育深度的层次划分

环境教育应基于对现象的了解，指向知识性或操作性的内容。本研究为环境教育的内容设置三个层次的不同深度。一星解说深度（*）表示访客可通过解说了解现象；二星解说深度（**）表示访客可通过解说理解原理；三星解说深度（***）表示访客通过解说可自主运用知识、参与实际操作、进行一定的研究等。

不同深度的解说在目的、用语、推荐方式、借助场所、话题扩展、交流互动模式上存在一定差别，在解说教育内容的详细设计阶段应引起重视，注意层次区分。详细区别见表4-3：

解说深度层次区分表 表4-3

解说深度	目的	用语	推荐方式	借助场所	话题扩展	交流互动
一星（*）	了解现象	通俗	例子、比喻、故事、小测试、活动等	—	可不进行	—
二星（**）	理解原理	可有少量专有名词，应对专有名词作出解释	图示、道具、例子、故事等	访客体验中心或环境教育点	宜扩展至访客管理	进行提问与回答
三星（***）	运用、操作、研究	可使用专有名词	实践、操作、专题活动、	保护站、科研站、牧户等	宜扩展	进行讨论与对话

对位于不同体验路线的各个生态体验项目，设计不同专题的解说深度。一类体验机会以一星和二星深度（*/**）为主，二类体验机会以二星和三星深度（**/***）为主，三类体验机会以三星深度（***）为主，辅助以二星深度（**）内容。

以下以举例的方式来表达各层次解说教育深度。

一星解说深度（*）应以简短明确、通俗易懂的语言描述现象、介绍场景，帮助访客对价值载体建立直观、正确、科学的概念。推荐使用例子、比喻、故事、小测试、活动等形式激发访客的兴趣。可使用少量关键性的数据，可不进行概念扩展延伸。

以"2-水资源–22高原湖区–2404"为例：

【介绍场景】扎陵湖和鄂陵湖是三江源地区最为著名的湖泊，是我国海拔最高的两个淡水湖。两个湖泊古称"柏海"，扎陵湖藏语称"措加朗"，即灰白色的长湖，湖水较浅，大约 8m 深。鄂陵湖藏语名"措鄂朗"，意为青色的长湖，水深达 20m。

【比喻】扎陵鄂陵，一白一青两个湖泊正如两块玉石镶嵌在黄河源头。

【相关知识点】《格萨尔王传》中，两湖是格萨尔王妻子僧姜珠姆的寄魂湖，是部落的保护神。直到今天，三江源地区人民还把鄂陵湖和扎陵湖视为神湖，在两湖连接的地方修建了白塔，矗立着许多巨大的嘛呢堆，悬挂着随风飘扬的经幡。本地人民常常到这里聚会、念经，一些身患重病的人还特地把帐篷搬到这里，祈求圣山圣水让他们恢复健康。

相关专题与知识点　　　　　　　　　　　　　　　　　　　表 4-4

		2401	三江源湖泊分布
24	高原湖区	2402	三江源湖泊储水量
		2403	三江源湖泊水质
		2404	三江源重要湖泊（具体）
		2405	三江源湖泊生态意义
		2406	三江源湖泊文化意义
		2407	湖泊类型
		2408	中国湖泊分布
		2409	中国湖泊现状

二星解说深度（**）应以清晰易懂的语言阐述现象背后的原理，帮助接受环境教育者建立对现象背后原理的理解。推荐使用图示、道具、例子等直观的方式进行解说，启发访客使用原理理解游览中遇到的现象。应适当进行话题扩展，强调对访客管理背后原因的理解。仅在必须的时候使用专有名词，使用专有名词应对其进行解释。访中解说可借助访客体验中心、环境教育点等展陈空间进行简短讲解。因涉及原理理解，二星解说深度内容可能引发提问，应在解说内容设计阶段做好准备。二星解说深度内容应包含一星解说深度内容。

以"4- 生物多样性 -43 大型食肉动物庇护所 -4303 食物链与生态位"为例：

【发现并描述现象】这是一头藏野驴的尸骨，我们看到它周围的动物粪便，有狼、熊、还有一些鸟类曾经到访。这只藏野驴大概是被狼群所杀，狼群没能一次性吃完这头藏野驴，让后出现的棕熊（指粪便）占得了便宜。棕熊可能到访不止一次，而这之间还可能招来了些食腐的鸟类。

【概念阐述】生态系统中生物间吃与被吃的关系构成食物网。藏野驴吃草，狼捕食藏野驴。它们彼此间达成一种动态平衡。（出示三江源食物网图示）

【扩展话题】如果人类介入了这种动态平衡中，将会发生什么？假如人类捕杀了狼、熊，它们的数量大幅下降或者在这一地区消失，少了捕食者，藏野驴的数量大幅上升，那么作为藏野驴的食物——草场将发生什么？（指图示）

【访客管理】青藏高原的植被十分脆弱且难以恢复，在这个食物网中任何一环出现大的变动都会造成难以预测的影响。

【问题准备】怎样程度捕食者数量的下降才会引发被捕食者数量的激增？

相关专题与知识点   表4-5

443	大型食肉物庇护所	4301	园区大型食肉动物种类
		4302	园区大型食肉动物分布
		4303	食物链与生态位
		4304	各类动物栖息地要求
		4305	顶级物种在生态系统中的意义
		4306	中国大型食肉动物现状
		4307	中国大型食肉动物保护状况
		4308	世界大型食肉动物概况

三星解说深度（***）应引导访客对知识进行运用，包括必要的操作指导、实践训练和视野较宽的资料展示，帮助访客掌握某一技能或为访客自己深入了解某一领域的知识提供路径。推荐通过实践、操作、专题活动等锻炼技能、运用知识、扩展视野，应进行话题扩展，可使用专有名词。访中解说可借助科研工作站、保护站等场所开展活动，可提供大量的文字、图片、影像等资料。三星解说深度需讲解员和访客就专题进行讨论，应做好准备。三星解说深度内容应包含相关一星、二星解说深度内容。

以"4- 生物多样性 -42- 重要动植物栖息地 -4203 动物了解与认知方法"为例：

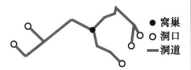

■ 图 4-2 鼠兔洞系结构平面示意图
根据《高原鼠兔洞系特征及功能研究》（万卫荣等，2013 改绘）

■ 图 4-1 鼠兔形态（曹越绘）

【资料阅读】《野生动物监测方法》等相关出版物、园区相关手册。

【了解概念】解说员在访客体验中心讲解基本知识点。

【练习技能】了解烟雾标志法研究洞穴结构空间分布的方法；学习测量洞口斜度、洞口温度、洞道结构的方法，并进行动手操作。

【实地操作】解说员在现场调查中讲解样线调查的基本方法；访客感性认识草原上洞口分布数量（密度），并进行实地样线调查和记录。

【后续跟进】资料录入，形成报告，与解说员进行相关问题的讨论。

相关专题与知识点 表 4-6

42	重要动植物栖息地	4201	栖息地相关概念

4.3.2 各生态体验项目的环境教育深度

根据各项生态体验项目所展示的国家公园价值、到访主体与到访目的，在解说专题类型层面对各项体验项目的解说深度进行规划。一类体验线路的项目解说深度以一星、二星为主，二类体验线路的项目解说深度至少有一项主题达到二星，三类体验线路的解说深度至少有一项主题达到三星。具体如表 4-7 ～表 4-9 所示：

一类体验线路生态体验项目解说专题类型深度表 表 4-7

项目编号	项目名称	解说专题类型						
		地质地貌	水资源	生态系统	生物多样性	文化	审美	国家公园与保护
E01	江河探源	*	**	*		*	*	*
E02	堤闻啼鸟				*		*	*
E03	藏地史诗					*	*	*
E04	高原圣行					*		*
E05	极目天河		*			*	*	*
E06	流云垂野			*			*	*
E07	酥油下午茶					*		*

项目编号	项目名称	解说专题类型						
		地质地貌	水资源	生态系统	生物多样性	文化	审美	国家公园与保护
E08	我在三江源			**	**			*
E09	邂逅动物				*			*
E12	昂赛之径	*			*		*	*
E14	地质奇观	*					*	*
E15	奇花探秘				*			*

二类体验线路生态体验项目解说专题类型深度表　　　　表 4-8

项目编号	项目名称	解说专题类型						
		地质地貌	水资源	生态系统	生物多样性	文化	审美	国家公园与保护
E02	堤闻啼鸟				**		*	*
E03	藏地史诗					**	*	*
E06	流云垂野			**			**	*
E08	我在三江源			**	**			*
E12	昂赛之径	**			**	*	**	*
E15	奇花探秘				***			*
E17	纯牧探略				**	***		*
E18	昂赛掠影				**		*	*
E19	年都夜暖			*	*	***	*	*

三类体验线路生态体验项目解说专题类型深度　　　　表 4-9

项目编号	项目名称	解说专题类型						
		地质地貌	水资源	生态系统	生物多样性	文化	审美	国家公园与保护
E03	藏地史诗					**		*
E04	高原圣行					***		*
E08	我在三江源			**	**			*
E10	野境寻踪				***		*	*
E11	荒野求知	***	***	***	***	***	***	***
E13	荒野之息			***	**			*
E15	奇花探秘				***			*
E16	勇攀高峰	***		**			*	*
E20	牧民科学家（针对牧民访客）			**	**			***
E21	徒步圣境	**	**	**	*	***	*	*
E22	溯源河巅	**	**	**		*	*	*
E23	知游江河	**	**	**			**	*
E24	守望江源	***	***	***	***	***	***	***

4.4　环境教育对象

　　环境教育对象应涵盖园区内外不同类型的受众。在类别上包括社会公众、园区访客、当地牧民、学龄前儿童与中小学生以及管理人员。应注重为不同年龄、来自不同地区访客编写不同的环境教育材料,针对儿童、中小学生编写不同版本的环境教育材料以及区分面向国内外不同受众的宣传材料。

4.4.1　社会公众

　　三江源国家公园拥有独特的自然现象与生物资源,在区域生态上具有重要的意义,是全国与世界民众深入了解、感知、体悟大自然的平台(表4-10)。

　　通过多种媒介向园外大众传递三江源国家公园价值。按各项价值分布选择具有代表性的资源,进行文学、美术、音乐采风与作品创作;按价值体系整理科普材料,开发以三江源国家公园为讲述载体的科普读物、中小学课程、科普视频、互动游戏;拍摄三江源国家公园全园宣传片和系列专题的纪录片;在部分谨慎选择的野生动物监测点授权开展直播活动,在动物迁徙等特定时期进行直播宣传活动等。

　　建设面向民众的三江源国家公园官网与官方手机APP,向全国公众免费开放以上内容;联动西宁市及全国重要城市——特别是黄河、长江、澜沧江下游重点城市的自然博物馆、动物园等科普教育基地,日常或在特殊活动日转播三江源监测点的影像;为中小学自然环境类课程提供互动式的教学素材。

三江源国家公园园外大众环境教育要素一览表　　　　　　　　　　表4-10

要素	内　　　　容
素材来源	按价值体系收集三江源国家公园的视频、照片、文本、语音等内容
主要内容	三江源国家公园的全貌、价值概述及价值分述,包括地质地貌、水文、生态系统、生物多样性、文化、审美,并对国家公园与保护事业进行宣传
辅助内容	国家公园法律法规和政策教育,国内生态体验与环境教育体系与教育点
开展形式	艺术作品创作与宣传（文学、美术、音乐、戏剧等） 科普材料（系列科普读物、科普视频、互动游戏、中小学课程大纲与教学素材等） 专题纪录片（全园单集展示宣传片、系列专题纪录片等） 国家公园直播（日常定点直播、特殊活动直播）

续表

要素	内　容
联动平台	三江源国家公园官网 官方手机 APP 西宁市动物园、各类展陈中心 全国重要城市的自然博物馆、动物园（以三江下游城市优先）
近期任务	科学展开艺术采风，编写科普材料，进行国家公园直播点位选择
远期目标	民众通过三江源国家公园平台，感知到自然的力量与美，对自然现象、生态系统、生物多样性等内容产生兴趣，获取深入了解这些内容的渠道，逐步树立正确的生态观念，在日常生活中实践绿色生活
注意事项	控制版权，保证视频、文字等内容只在国家公园官方渠道可获取 应严格控制宣传产品质量，建立标准体系，严格控制国家公园标识的使用

4.4.2　国家公园访客

访客是三江源国家公园的亲临者，环境教育应增强其对三江源地区的特征及重要意义的理解，引导其形成正确的生态观念，遵守国家公园政策与法规，并确保体验时的人身安全，理解国家公园的意义与美，激发国家自豪感。根据不同生态体验路线与生态体验项目开展环境教育，按各体验项目的价值，设计向导式解说系统和自导式解说系统，教育方式包括访客中心展陈、生态体验人员解说、项目解说手册、国家公园官网、官方手机 APP 等。充分利用互联网、手机等平台，开展园区访客的全周期环境教育（表 4-11）。

三江源国家公园园区访客环境教育要素一览表　　　　　　　　　表 4-11

要素	内　容
素材来源	三江源国家公园价值体系全部内容
主要内容	三江源国家公园的各项价值，包括地质地貌、水文、生态系统、生物多样性、文化、审美，并对国家公园与保护事业进行宣传
辅助内容	到访公园安全注意事项、国家公园法律法规和政策教育
开展形式	访前：官网、手机 APP、系列宣传片与纪录片，预约体验后的特定资料发放 访中：向导式解说与自导式资料相结合，自导式资料包括系列解说手册和手机 APP 访后：通过电子邮件、手机推送等方式定期推送国家公园活动，保持反馈
准备材料	官网建设、手机 APP 建设、宣传片拍摄、解说手册编写、各生态体验项目解说词、各生态体验线路解说词
近期任务	针对近期开展的生态体验项目进行解说词编写、解说手册制作，进行官网建设

续表

要素	内　容
远期目标	园区访客在访前对国家公园拥有系统的了解，可在指导下对到访国家公园进行科学准备；在访中保证安全、遵守法律法规地进行生态体验，对体验路线与体验项目的价值形成一定的理解，掌握一定的环境保护技能，树立正确的环境观；访后持续关注国家公园，并乐意为其贡献自己的力量
注意事项	一类体验项目鼓励当地牧民接受培训，进行项目向导与解说；二类、三类体验项目可建立特邀解说员制度，邀请行业专家带队解说

4.4.3　当地牧民

园区内牧民是国家公园生态保护、生态体验服务等工作开展的主体，也是受益的主体。面向园区内牧民的环境教育，应充分挖掘三江源地区的传统文化、生态观念、环境习惯法等内容，结合本地牧民的生活与文化习俗（表4-12）。

三江源国家公园牧民环境教育要素一览表　　　　　　　　　　　　　表 4-12

要素	内　容
素材来源	三江源地区传统生态保护文化、环境意识与习惯法、国家公园政策法规等，提取文化专题中 52 民俗文化、53 宗教文化、55 生态文化中的素材
主要内容	环境保护原则；环境保护方法；环境保护技能；国家公园法规与政策
辅助内容	三江源国家公园价值概述，突出生态系统与生物多样性两点；国家公园常识教育
开展形式	以村为单位，中小学课程教育、社区能力建设、社区习惯养成、牧民技能培训等
准备材料	结合本地文化特性的环保生活习惯图示，适宜本地的简易生态设施制作及使用图示，社区环境公约草稿；三江源国家公园宣传视频、国家公园法律法规、图示化的禁止与鼓励行为等；材料应易于各社区保存展示，便于教学理解，清晰简明
近期任务	完成材料准备，选择 2～3 个典型社区进行试点
远期目标	园区内的所有社区对三江源国家公园具有认同感，积极自主地保护生态环境，理解国家公园的价值内涵
注意事项	调动村委会（牧委会）的积极性，发挥中小学教育对学生家庭的影响作用；准备藏文内容，为部分社区提供藏语教学；对操作性、实践性内容进行图示化，保证内容的准确性和易理解性

通过中小学课程教育、社区能力建设、牧民技能培训等机会，发挥本地能人与公益组织作用，以社区为单位进行渗透式教育，传承优秀的

生态环保理念，强化社区的环境保护意识，形成各个社区的生态环境保护规定，提升牧民对国家公园的理解与认同，激发自豪感。

环境教育内容以生态环境保护原则、环境保护方法与技能、国家公园法规与政策为主，以三江源国家公园各项价值概述为辅。

4.4.4 学龄前儿童与中小学生

针对学龄前儿童与中小学生的接受特点，对各个受众群体编撰面对学龄前儿童与中小学生的版本。内容应区分年龄段，具有故事性、易懂性、互动性，对学龄前儿童及中小学生的教育内容应适合亲子共同阅读、观看、学习（表4-13）。

三江源国家公园学龄前儿童与中小学生环境教育要素一览表　　　　表4-13

要素	内　　容
素材来源	节选适合这一年龄段受众的内容
主要内容	三江源国家公园的影像、动植物、生态故事等
辅助内容	环境伦理教育
开展形式	适合这一年龄段的艺术创作、科普读物、视频、互动游戏、解说手册等
联动资源	以三江源为素材的自然环境教育课程开发
近期任务	确定适合学龄前儿童与中小学生接受的素材内容；编写儿童版科普读物，简化成儿童版的生态体验项目解说手册；结合博物馆、动物园的直播活动，对外开展相关亲子教育活动；借助现有的公益组织与研究机构力量，在本地中小学推行环境教育课程
远期目标	形成适合各个年龄段儿童、学生的环境教育体系，分年龄段确定学龄前儿童与中小学生环境教育目标、途径及媒介，进行精细化的环境教育；引导孩童亲近自然、尊重自然、热爱自然，帮助其在日常生活中养成良好的习惯
注意事项	同时注重学校、家庭两类环境教育材料

4.4.5 管理人员

园区内各级、各部门干部是协调园区各方利益、具体组织保护与管理、进行地方决策的重要力量，应全面了解三江源国家公园的各项价值与特点，清楚国家公园各项政策法规，建立日常工作与国家公园体系的关联。

通过集体培训、案例剖析、材料印发等方式，让园区各级各部门正确理解生态系统运作机理，对各类人类活动引发的生态环境影响有较为明确的预期。环境教育以三江源国家公园各项价值概述、人类活动与生态系统互动案例、世界范围内国家公园的管理实践案例为主（表4-14）。

三江源国家公园干部环境教育要素一览表　　　　　　　　　　　　表 4-14

要素	内　　容
素材来源	三江源国家公园价值体系全部内容，突出各项价值专题中的"干扰与威胁"和"保护管理对策"，扩展"7 国家公园与保护"专题
主要内容	三江源国家公园内需保护和宣传的对象及其特征，生态系统运作机理，各类人类活动引发的生态环境影响，世界范围内国家公园的管理实践案例
辅助内容	国家公园法律法规和政策教育
开展形式	集体培训、材料印发
准备材料	三江源国家公园宣讲材料、人类活动的生态影响案例集、国家公园管理实践参考手册
近期任务	完成材料准备；对管理局工作人员进行培训；选择 1～2 个园区内的县级单位进行培训，获取反馈
远期目标	园区内的所有管理人员对三江源国家公园的保护、运营、宣传对象与体系有清晰认知，理解国家公园的价值内涵，掌握实际的协调与管理办法
注意事项	对国际经验是否适用应经过论证

4.5　环境教育方式

三江源国家公园采用向导式与自导式相结合的环境教育方式。

向导式解说，即人工解说，在三江源国家公园解说教育体系中具有重要地位，是到访国家公园的访客获得的最直接的解说教育。向导式解说具有解说内容灵活、访客反馈及时、访客管理有效、解说岗位可根据需求变动等优点。向导式解说员分为访客体验中心驻场解说员、项目解说员、环境教育课程领队，解说人员来自社区牧民、志愿者和专业人士。本地讲解员在一类体验线路上可兼任驾驶员的角色，在二类、三类体验机会中需兼任体验线路向导员的角色，除讲解公园相关知识点外，向导式解说员也有为访客提供园区信息等重要责任。

自导式解说教育，即非人工解说，在近期包括官方网站、手机 APP、解说手册、介绍短片和展陈，远期包括增强现实（AR）触发系统和导航系统等。自导式解说媒介包括官方网站、手机 APP、解说手册等，国家公园内原则上不设置用于解说的户外牌示系统。建立规范化的人员解说制度，招募并培训本地社区牧民参与解说，并邀请各个领域专业人士参与三江源国家公园各个专项的解说。

按照不同媒介开展三江源国家公园环境教育方式的规划研究，包括建设官方网站、官方 APP，编写科普读物与传媒作品，制作相关课程，举办展览和活动，建设解说队伍，并编写生态体验手册等内容，从广泛的公众教育出发，逐步聚焦到三江源国家公园范围内的生态体验活动

（表 4-15），充分发挥三江源国家公园作为国家公园范围内、青海省及全国的环境教育基地的功能，策划系列展陈及教育活动，注重对新媒介、新技术的运用。

环境教育媒介、定位与内容   表 4-15

方式	媒介	定位与内容
信息共享	官方网站	三江源国家公园相关知识汇集的平台，全民全面了解国家公园的窗口；是了解体验项目、预约访问的重要渠道
	公众号及手机 APP	提供资料包括公园基本价值主题解说、交通与天气实时状况、游憩机会、周边售卖与活动推送等；是预约到访、解说员、导航的平台
信息共享	大数据中心	三江源国家公园各类科研、监测、管理等数据的集成、展示和开放应用平台；可以为研究人员提供共享数据，为公众提供监测数据、影像资料共享渠道，为大、中、小学提供共享课堂和相关资料
科普读物与传媒作品	传媒作品	三江源国家公园相关的文学、美术、音乐、影视作品
	科普读物	按价值分类编写三江源国家公园科普读物，制作适合儿童的版本，出版发行，在抵达国家公园的火车、飞机上投放
课程	教材与课程大纲	以三江源国家公园为素材的环境教育教材，编写针对各个年龄段的教材，制作连续、成熟的课程体系，出版教材课程体系应覆盖幼儿园至高中学生群体
展览与活动	展陈	在博物馆、访客体验中心、歌剧院等室内空间提供相关展陈内容，针对展陈点所在位置、辐射不同项目提供不同展陈内容
访客环境教育	解说队伍	牧民与专业人士构成的解说员队伍，为到访园区的访客提供国家公园的价值解说，引导访客遵守国家公园法律法规
	手册	按项目类别编写手册，设置电子版与纸质版
	介绍短片	访客体验中心、各相关传媒平台播放不同广度、深度的介绍短片，内容包括该点辐射面内的自然与文化资源、游憩机会、管理与多方合作状况等
	标识牌系统	除环境教育点周边，三江源国家公园内不放置用于解说的标识牌系统

4.5.1　信息共享

建设三江源国家公园官方网站。官网应提供中、英、藏等多种语言版本，并提供针对儿童的版本。官网应重点突出、排版清晰、操作简明、互动性强、亲切感强，网页应从公众使用的角度设计版面、设置内容，与三江源公园价值、环境教育、访客生态体验无关的内容不得出现在网站中。可适当提供访客间交流、分享到访经验的平台，如图片墙等。

官网应提供的信息有：

（1）国家公园基本信息，含园区地图、实景照片、视频等；

（2）国家公园及周边城市交通、天气、住宿等实时状况；

（3）国家公园的价值主题解说，各项主题各个深度的解说内容（部分可为其他网站链接）；

（4）国家公园全园生态体验机会、访客管理条例、国家公园年度活动安排及近期活动列表；

（5）各体验项目详细信息（项目简介、适宜人群、体验线路图、体验挑战度、危险程度、推荐到访时间、预约状况、相关解说手册电子版等）；

（6）三江源国家公园相关的艺术作品、科普读物介绍与链接；

（7）三江源环境教育课程，分为教师入口、家长入口和学生自学入口；

（8）国家公园监测数据发布；

（9）常见问题与解答等。

建设三江源国家公园官方微信公众号或三江源国家公园 APP，功能应包括预约到访、查询项目、解说专题类型、解答疑问、互动平台、园区导航、AR 触发等。

建设三江源国家公园大数据平台。整合各公益组织、科研机构与政府部门的园区信息与动态监测数据，建设监测、科研、教育一体化的数据平台，利用动态数据模拟园区自然现象、动物生活。结合虚拟现实技术，开发基于真实数据的可视、可体验的虚拟现实场景，并根据场景开发在线自然观察课堂，适用于个人、学校和博物馆。

4.5.2　科普读物与传媒作品

按价值类别分专题设置科普读物。科普读物分为自然类、文化类和国家公园考察指南，内容覆盖国家公园全部的价值。应提供参考文献、相关读物等，为读者提供进一步了解所读内容的渠道。在条件允许的情况下，形成多语言版本。设置纸质版与电子版。纸质版读物应出版发行、联合自然类刊物形成专刊，在全国各地书店售卖，放置在抵达西宁、格尔木、玉树等地的航班或火车上以供阅读。电子版读物应在官方网站有简要版本。读物设置建议详见表 4–16。

三江源国家公园科普读物一览表　　　　　表 4-16

类型	读物名称	专题类型编号							备注
		1	2	3	4	5	6	7	
自然类	《地质奇观》	**							
	《三江探源》	**	***	*					
	《极目天河》		*			*	*		全景感受
	《云型图鉴》			**			**		
	《动物图鉴》				***				
	《植物图鉴》				***				
	《生态智慧》		*	**	**	*		*	展现三江源地区人民对自然环境的态度与情感，并展现地区人与自然环境和谐共处的例子
	《高原冰川》	**							
文化类	《格萨尔王》					**			
	《文成公主》					**			
	《唐蕃古道》					**			
	《民俗故事》			**			**		故事读物
	《密宗佛教》					***			
	《神山圣湖》	**	**	*	*	**			
国家公园考察类	《国家公园》							**	介绍国家公园体系为主的读物
	《三江源荒野考察》			***	***				
	《户外法则》	**	**	**	**			***	野外生存与访客行为管理手册
	《登山指南》	**	**	**	**			***	以教授技巧为目的
	《科考卷宗》	***	***	***	***	***	***	***	可有各类科考卷宗，其中解说专题不一定完全覆盖，但应该至少一项达到***解说等级

注 1：*了解现象，**理解原理，***指导实践、进行研究、深度资料

注 2：解说专题类型 1 地质地貌，2 水资源，3 生态系统，4 生物多样性，5 文化，6 审美，7 国家公园与保护

鼓励以三江源国家公园为题材的各类艺术传媒作品创作，进行大众宣传，形式可有文学、美术、影视、音乐、动画、游戏等。应对相关作品进行审核，保证作品质量。

4.5.3　课程

依照三江源国家公园价值体系，挖掘自然教育类素材，编写针对各个年龄段的教材。教材应注重室内外结合的教学内容设计，结合信息共享平台资源，除生态基本理论外，强调学生对自然的亲近、观察、体验、感悟。联合其他国家公园、各城市植物园、动物园等机构，制作连续、

成熟的课程体系，出版教材课程体系应覆盖幼儿园至高中学生群体，园区内外学校、环境教育机构、学生家庭、学生本人均可根据课程大纲及教学材料，自主进行教学活动。以多种形式开展自然环境教育，不拘泥于书本形式，衍生多样化的教学学习产品，强调互动性、体验感和寓教于乐。

4.5.4　展览与活动

展示陈列在园区内和园区外进行，以下对展陈类型、地点和内容举例说明（表4–17）。园区内集中在各市县博物馆、各级访客体验中心及各类环境教育点进行，应注意区分各级展陈的内容丰富度与专业性，充分利用影像、图片、实物等资料。园区外在西宁市及全国重要城市设置博物馆，或在各地自然博物馆、动物园等科普教育基地策划巡回展览，展示内容应体现三江源国家公园整体风貌，突出生态系统、生物多样性意义与价值，以影像、图片、实物、文字记录、音频等形式展出，注重对新技术的应用，如实时转播、虚拟现实（VR）技术等。开辟互动专区，展示访客与园外对三江源国家公园有兴趣的人群的作品。

展陈位置与内容表　　　　　　　　　　　　　　　　　　　　表 4–17

类型	具体地点	展陈内容
园外展陈	西宁市（可新建博物馆，或依托自然博物馆设置常展、依托动物园策划临展）	全园区相关内容，应涵盖专题类型1-7。最全面的园区开放区实时转播，注重对影像、直播、VR等新技术的运用，进行互动活动，策划年度活动
	黄河、长江、澜沧江下游重要城市（新建博物馆，或依托城市的自然博物馆策展、依托动物园策划临展）	相关江河园区的内容，应涵盖专题类型1-7。相关园区的部分实时转播，注重对影像、直播、VR等新技术的运用，进行访客互动活动，与相关园区共同策划年度活动，和该园区建立人员培训机制和良好的合作关系
博物馆	玉树州博物馆	全园区相关内容，应涵盖专题类型1-7。侧重专题类型5-文化、7-国家公园与保护，体现澜沧江园区特色
	格尔木可可西里展厅	全园区相关内容，应涵盖专题类型1-7。侧重专题类型3-生态系统、4-生物多样性、7-国家公园与保护
访客体验中心	曲麻莱访客体验中心	曲麻莱的地质、生态、文化；应以曲麻莱的特色实物、图片、影片，着重阐释专题类型1-地质地貌、3-生态系统、4-生物多样性

类型		具体地点	展陈内容
访客体验中心		玛多访客体验中心	黄河源区的地质地貌、水文、生态与文化；以黄河源区的特色实物、实景照片、沙盘模型、影片等，着重阐释专题类型1-地质地貌、2-水资源、5-文化、6-审美
		治多访客体验中心	治多的地质、生态、文化；应以治多的特色实物、图片、影片，着重阐释专题类型1-地质地貌、3-生态系统、4-生物多样性
		索南达杰保护站	长江源园区，尤其是可可西里地区的生态系统与动物多样性，以模型、影片、图片、互动装置等，着重阐释专题类型3-生态系统、4-生物多样性和7-国家公园与保护，对索南达杰的事迹进行展陈
其他环境教育点	剧院	格尔木市剧院	传统文化与习俗，可以展示服装、道具等内容，阐释专题类型5-文化
		玛多影剧院	
		玉树康巴歌舞团剧院	
	保护站	不冻泉保护站	原可可西里自然保护区各保护站的工作，以动态数据、实物、图片、文字、影片放映等模式展陈，突出各个保护站的作用及保护现状；阐释专题类型7-国家公园与保护
		沱沱河保护站	
		五道梁保护站	
		通天河保护站	
	科研站	山水自然保护中心昂赛工作站、昂赛乡年都村林业监测站	昂赛地区的监测与保护事业，以动态数据、图片等形式展示，阐释昂赛地区的专题类型3-生态系统、4-生物多样性和7-国家公园与保护
	学校	巴干乡寄宿制学校	以学生为主导提供展陈内容，表达巴干乡地区的监测与保护活动，以绘画、剧作、作文、手工等形式展示，阐释专题类型3-生态系统、4-生物多样性、5-文化、6-审美、7-国家公园与保护

4.5.5 解说队伍建设

向导式解说在三江源国家公园环境教育体系中具有重要地位。应建立规范化的人员解说制度，招募并培训本地牧民参与解说，并邀请各个领域专业人士参与三江源国家公园各个专项的解说。本地牧民的工作内容详见表4-18。

解说人员类型要求表 表4-18

解说人员类型		解说专题类型	解说地点	解说形式
展示馆 驻点解说员		全部主题，概述性质	各个访客体验中心、环境解说教育点、博物馆	基本讲解服务； 安排咨询员为游客提供基本服务信息咨询服务； 与展示馆内的展示陈列相结合的解说教育
项目解说员	一类体验线路	全部主题，进行个别主题的深入解说	私家车	根据访客预约项目内容进行导游服务； 监督并制止游客不良行为； 需要预约
	二类体验线路 三类体验线路	特定主题，深度解说	项目沿途	为参与二类体验线路、三类体验线路的兴趣团体、专项队伍提供服务； 负责带领游客深入体验自然与文化内涵 作为线路向导并监督游客行为； 需要预约，可支付额外费用接受专业人士的解说
环境教育 课程领队		特定主题，深度解说	环境教育点	趣味课程包括活动、实验、游戏等 主要为中学、小学的团体提供服务； 需要预约

　　国家公园内部工作人员、专业户外运动教练与专家学者参与解说教育。国家公园对内部工作人员提供解说教育岗位，可作为工作人员的全职或兼职工作，进行轮换上岗。具体参与的解说项目与岗位数如表4-19～表4-21所示。

国家公园内部工作人员参与解说 表4-19

类别	专业人士类型	参与项目	单次活动需要人数	提供岗位数
国家公园工作人员	保护站工作人员	守望江源	1	15
	生态管护站工作人员	荒野之息	1	6
	共计：21个岗位			

专业户外运动教练参与解说 表4-20

类别	专业人士类型	参与项目	单次活动需要人数	提供岗位数
专业户外运动教练	具有相关资格的高山协作员	勇攀高峰	5	30

专家学者参与解说 表 4-21

类别	专业人士类型	参与项目	单次活动需要人数	全年共需人数
科学家／研究人员	动物学家	昂赛掠影、野境寻踪、荒野求知	1	5
	植物学家	奇花寻踪、荒野求知	1	5
	地质学家	昂赛之径、溯源河巅、	1	4
	水资源学者	溯源河巅、荒野求知	1	4
	生态学家	野境寻踪、荒野求知	1	2
	人类学家	荒野求知	1	2
	文化研究者	藏地史诗、荒野求知	1	2
	注：荒野求知、牧民科学家需与各类研究人员建立长期联系，参与这两项目无本地解说／专业解说选项区分		共计：24 个岗位	

4.5.6　生态体验项目手册

　　为生态体验项目设置手册，分别有准入手册、纪念手册、解说手册、考察指南和工作手册。内容覆盖国家公园全部的价值概述、到访安全注意事项及访客管理须知。生态体验项目手册内容可精简自相关科普读物内容，并添加体验路线、体验须知等，应控制页数，精良制作，便于收藏保存，应为读者提供进一步了解所读内容的渠道。在条件允许的情况下，形成多语言版本。设置纸质版与电子版，纸质版解说手册仅供参与相关体验项目的访客入园获取，电子版解说手册对全民开放，可通过官网和手机 APP 下载。手册设置详见表 4-22。

三江源国家公园生态体验项目手册一览表 表 4-22

类型	手册名称	相关项目	专题类型编号							手册数量等级	备注
			1	2	3	4	5	6	7		
准入手册	《致三江源访客》	全部项目，面向所有访客	*	*	*	*	*	*	*	全员	游客准入须知，内容包括全价值概括性解说，访客基本管理、高原反应应对措、如何面对野生动物侵扰施等
纪念手册	《我在三江源》	E08 我在三江源			*	*		*		大众	以纪念为主要目的
解说手册—自然类	《地质奇观》	E14 地质奇观	**					*		大众	
	《三江探源》	E01 江河探源 E22 溯源河巅 E23 知游江河	**	***	*			*		大众	

续表

类型	手册名称	相关项目	专题类型编号							手册数量等级	备注
			1	2	3	4	5	6	7		
解说手册—自然类	《极目天河》	E05 极目天河		*			*	**		大众	全景感受
	《云型图鉴》	E06 流云垂野			**			**		大众	
	《动物图鉴》	E02 堤闻啼鸟 E09 邂逅动物 E10 野境寻踪 E18 昂赛掠影				***				大众	
	《植物图鉴》	E15 奇花探秘				***				大众	
	《生态智慧》	面向所有自然类项目		*	**	**	*	*	*	大众	展现三江源地区人民对自然环境的态度与情感，并展现地区人与自然环境和谐共处的例子
	《高原冰川》	E16 勇攀高峰 E22 溯源河巅	**					**		小众	
解说手册—文化类	《格萨尔王》	E03 藏地史诗					**			大众	
	《文成公主》	E05 藏地史诗					**			大众	
	《唐蕃古道》	E05 藏地史诗					**			大众	
	《年都夜暖》	E19 年都夜暖			**			**		小众	可出成套的系列手册
	《高原圣行》	E04 高原圣行					***			极小众	
	《神山圣湖》	E21 徒步圣境	**	**	*	*	**	**		极小众	
考察指南	《昂赛户外徒步》	E12 昂赛之径	*			**	*	*		小众	以管理为主要目的
	《三江源荒野考察》	E13 荒野之息			***	***				小众	以管理为主要目的
	《户外法则》	E12 昂赛之径 E13 荒野之息 E16 勇攀高峰 E21 徒步圣境 E22 溯源河巅	**	**	**	**		*	***	小众	野外生存与访客行为管理手册
	《登山指南》	E16 勇攀高峰	**	**	**	**		*	***	极小众	以教授技巧为目的
工作手册	《科考卷宗》	E11 荒野求知	***	***	***	***	***	***	***	小众	可有各类科考卷宗，其中解说专题不一定完全覆盖，但应该至少一项达到 *** 解说等级
	《牧民科学家》	E20 牧民科学家	*	*	*	*	*	*	***	极小众	以培训为目的，直接发放给牧民
	《志愿者手册》	E24 守望江源	***	***	***	***	***	***	***	极小众	志愿者活动指导与纪念手册

注 1：* 了解现象，** 理解原理，*** 指导实践、进行研究、深度资料

注 2：解说专题类型 1 地质地貌，2 水资源，3 生态系统，4 生物多样性，5 文化，6 审美，7 国家公园与保护

4.6 环境教育机制

4.6.1 建立全周期环境教育机制

三江源国家公园因其自然环境的特殊性，应特别注重访客的全周期环境解说教育。访前通过官方网站、手机 APP 向访客提供信息，互动交流；访中以向导式为主，自导式为辅，向访客提供解说教育；访后通过官方网站、APP 或公众号信息推送、永久性手册、邮件信息推送等方式与访客保持长久联系，邀请访客进行反馈、参与后续活动等（图 4-3）。

图 4-3 全周期环境解说教育示意图

访前环境解说教育意在帮助访客对到访地形成正确的认识、提前做好到访准备，通过官网、手机 APP 或微信公众号等方式进行。应向访客提供体验项目基本信息、访客安全与管理须知，与访客进行互动交流、教授技能等。具体示例详见表 4-23。

三江源国家公园地处高海拔地区，访客应对到访地有科学而充分的了解，对将要进行的生态体验的体能要求、消耗时长、体验舒适度、危险程度等有明确的认知，对体验项目在访前形成正确的认识，做好充足的物质与心理准备。在成功预约具有一定危险性、技术性的生态体验后，国家公园应额外通过邮件、手机 APP、信息推送等方式向访客提供注意事项、项目具体安排、基础技能教学等内容，可帮助访客练习应具备的技能。三江源国家公园公园自然环境敏感，文化习俗特殊，访客在到访前应清楚自己在国家公园范围内须遵守的规则，并对到访地的习惯有所了解，保证自己将遵守访客管理规定、尊重当地习俗。在到访前，可邀请访客填写问卷、参与测试、解锁视频，并有针对性地对其发放深度较大的解说资料。

访前环境教育示例　　　　　　　　　　　　　　　　表 4-23

类别	项目示例	访前解说要求	资料获取方式
信息类	昂赛之径	本地区山水信仰、自然风貌特征、动植物分布简介	
	年都夜暖	康巴歌舞概览，预约成功后自动提供歌舞视频、动画	
互动类	野境寻踪	三江源野生动物知识问卷	
	邂逅动物		
	我在三江源	动物专题测试，获得三江源动物身份及该动物详细的相关资料	
技能类	奇花探秘	植物观察与辨识方法，可观察到的植物种类	官网 / APP 推送
	堤闻啼鸟	鸟类观察与辨识方法，可观察到的鸟类	
	昂赛掠影	鸟类观察与辨识方法，路线，可观察到的鸟类	
须知类	荒野之息	本地区生态环境概况、荒野地的意义和分布、荒野地进入法则	
	高原圣行	密宗的习俗	
综合类	勇攀高峰	LNT 法则测试，高原反应症状及处理方式测试，登山基础攀登技术教学视频等	
	荒野求知	科学考察的基本知识、技能等	

访后的环境解说教育意在延伸访中的解说教育效果，加强访客与三江源国家公园的互动联系，引导访客长期关注自然与文化保护事业，为访客到访三江源、参与志愿和科研项目留存纪念，引导访客建立正确的自然观和环境观，为培育更多热爱自然、乐于持续探索自然的公众做出贡献。具体示例详见表 4-24。

访后环境教育示例　　　　　　　　　　　　　　　　表 4-24

类别	项目示例	访后提供材料	发放地点 / 方式
延伸资料	极目天河	三江源风景图册	访客体验中心购买
	溯源河巅	书籍《三江源头科学考察地图集》	访客体验中心购买
	藏地史诗	格萨尔王史诗小说、电影、剧集等	歌剧舞剧院大厅售卖
数据 / 研究更新	奇花探秘	三江源地区植物监测数据	网络，通过体验活动提交申请获取
	野境寻踪	三江源野生动物栖息地保护知识，三江源该动物研究更新资料	手机微信 /APP 推送
纪念品	守望江源	志愿者纪念徽章	到各保护站或 NGO 组织处领取

类别	项目示例	访后提供材料	发放地点 / 方式
纪念品	荒野求知	科考报告书；证书	网络，通过体验活动提交申请获取；在访客体验中心与解说点售卖 / 兑换
	我在三江源	各类动物主题的相关周边与纪念品	网络，通过体验活动提交申请获取；在访客体验中心与解说点售卖 / 兑换
信息互动	—	邀请参与系列互动，进行书信、征文、征图、征片等访后参与活动	网络

建设三江源国家公园环境解说教育管理部门，邀请本地与外界社会的多方力量共同参与环境解说的各个环节，设置近期启动计划，保证环境解说教育工作稳步开启。

4.6.2 设立环境教育管理部门

依据机构设置及其职能，建议三江源国家公园成立专门部分负责解说教育的部门，形成科学系统的解说教育管理机制。

该部门负责以下规划、管理、组织、协调工作：

（1）组织管理人员，完善政策制度，管理日常工作；

（2）根据本规划牵头负责环境教育内容的落实（包括建设信息共享平台、编写解说词及手册、落实教材编写、制作官方网站、策划园区内外活动、推广环境教育课程等）；

（3）硬件设施与软件平台的建设与管理维修（包括视听媒体、访客中心与环境教育点设计、手机与网络平台等）；

（4）负责园区内解说人员的招募、培训、管理、评估，负责园区内外环境教育课程老师的培训，进行展览组织与策划；

（5）协调合作伙伴参与环境教育系统的建设。

4.6.3 邀请多方参与环境教育

建立完善的解说教育多方参与机制，合作伙伴包括当地社区、特许经营方、NGO与志愿者、大学与科研机构、中小学校、本地寺庙、媒体等。合作方式详见表4-25。

多方参与环境教育合作方式与内容表 表 4-25

合作伙伴类型	合作方式与合作内容	具体分项						
		人员	资料	培训	管理	评估	交流	宣传
当地社区	参与解说：为游客提供适当的园内环境教育服务 参与管委会（或特许经营方）组织的解说员队伍（招募、培训、上岗、评价），获得合理的收入	△		△	△			
	提供素材：是反映三江源传统环境观、生活习惯、传承本地的生态智慧的主体	△		△	△			
特许经营方	参与解说：自身提供园区内解说教育	△	△					
NGO 与志愿者	多方面技术支持：是参与牧民环境教育、进行对牧民环境教育材料收集、编写环境教育内容的重要参与群体	△	△	△	△	△	△	
大学与科研机构	科学指导：大学与科研机构为国家公园提供教育材料（基础数据、动态监测数据、分布图等），评估教育内容的科学性 国家公园为研究机构提供开展科研和监测的场所，部分研究成果反映在各类解说教育方式中，以一定频率更新国家公园的解说教育内容 文化研究：对结合本地生态文化进行环境教育进行理论与技术指导 编写课程：邀请专家参与编写环境教育课程大纲 交流宣传：建立大学生环境教育基地、联合举办展览		△	△		△	△	△
中小学校	开设课程：以国家公园为题材，在中小学开展环境教育课程，在近期覆盖园区内中小学，逐步覆盖青海省与全国中小学。国家公园可在园区内提供关于水生态环境、观鸟、观植物等实地体验项目 互动：作为全国或青海省的中小学环境教育基地，邀请各地中小学与本地中小学进行交流 编写课程：邀请青年教师，参与环境教育课程大纲的讨论						△	△
本地寺庙	参与解说：承担部分教育功能，少数寺庙设置小型环境教育点 顾问：文化部分的顾问	△	△		△			
各类媒体	宣传：应国家公园邀请，在园区内进行拍摄、采访等工作，进行国家公园的宣传制作相关文化产品		△					△
我国其他国家公园	编写课程：联合我国其他国家公园，共同策划出品系列环境教育课程 互动：进行联合展览等活动		△				△	△
园区外科普教育基地	展览：进行三江源主题展览或直播，为常展、临展和巡回展览提供空间，共同举办相关活动 编写课程：为远距离的三江源环境教育课程提供教学空间和学习素材		△				△	△

注：△表示应设置该分项内容

第五章

访客管理研究

5.1　生态影响分析

　　三江源国家公园开展生态体验活动和环境教育具有重要的积极意义。在三江源国家公园开展生态体验是对全社会生态意识提升的有效促进，对全民公益性的直接体现，对传统文化的积极传承。

　　生态体验是环境教育的有效途径之一，生态体验的过程就是访客接受环境教育的过程，通过环境教育可以有效提高公众对国家公园价值的认识和生态环境保护意识，从而提升全社会的生态意识。

　　生态体验是展示国家公园价值的重要窗口，是国家公园全民公益性的重要体现。访客在不同类型的生态体验项目中，既可以领略到三江源壮阔绝美的自然景观，加深对祖国疆域的宏观了解，由内生发民族自信心和自豪感；同时还能够获得实地学习生态知识的宝贵机会，接受高原环境教育，将国家公园所承载的生态文明理念感悟于心、外化于行。

　　通过生态体验和环境教育，一方面可以让访客获得较为全面的关于国家公园的生态知识、培养生态意识，激发保护热情，从而促进国家公园生态保护；另一方面，生态体验的开展也具有凝聚多方力量和共识的作用，可以让更多的社会群体了解和参与三江源国家公园的发展，汇聚更多的保护力量，激发更多的人关注国家生态文明建设，自觉守护生态环境。

　　三江源国家公园生态体验的开展应以牧民为主体，发挥牧民的积极作用，改善民生，同时促进传统文化的保护与传承。三江源牧民长期形成的热爱自然、顺应自然、保护自然的传统观念有效维持了地区生态系统的稳定，也成为生态系统的有机组成部分，因此，对传统文化的保护与传承不仅在文化保护方面具有积极意义，也对生态保护具有正面影响。

　　体验项目的负面影响可以分为生态影响和社会影响（表 5-1）。生态影响包括动植物及栖息地、生态过程（食物链完整性、动物迁徙、物种演替等）、自然环境（大气、水质、土壤、冰川等）、自然景观风貌，以及潜在风险（外来物种入侵、火灾、断流、地质灾害等）等方面；社会影响包括本地社区和访客安全两个方面，前者是指生态体验项目对牧民收入结构和本地文化传统的潜在影响，后者是指访客自身在高原环境中可能遇到的风险。

生态体验项目负面影响汇总 表 5-1

编号	项目名称	生态影响	社会影响	项目类型
E01	江河探源	自然资源、自然景观风貌	访客安全、本地文化	一类、三类
E02	堤闻啼鸟	栖息地、自然资源	—	一、二类
E03	藏地史诗	动植物及栖息地、自然景观风貌	—	一、二、三类
E04	高原圣行	—	本地文化	一类
E05	极目天河	动植物及栖息地	访客安全	一类
E06	流云垂野	动植物	—	一、二类
E07	酥油下午茶	动植物、栖息地、自然资源	—	三类
E08	我在三江源	—	—	一、二、三类
E09	邂逅动物	栖息地	—	三类
E10	野境寻踪	动植物及栖息地	潜在风险	三类
E11	荒野求知	自然环境、动植物及栖息地	—	三类
E12	昂赛之径	栖息地	访客安全	一、二类
E13	荒野之息	栖息地	访客安全	三类
E14	地质奇观	栖息地	—	一类
E15	奇花探秘	栖息地	—	一、二、三类
E16	勇攀高峰	动植物、自然资源	本地文化	三类
E17	纯牧探略	栖息地、自然资源	本地文化	二类
E18	昂赛掠影	动植物及栖息地	访客安全	二类
E19	年都夜暖	动植物及栖息地、潜在风险	—	二类
E20	牧民科学家	—	—	三类
E21	徒步圣境	动植物及栖息地、自然资源	—	三类
E22	溯源河巅	自然资源、自然景观风貌	访客安全	三类
E23	知游江河	栖息地、自然环境	—	三类
E24	守望江源	栖息地	—	三类

5.1.1 生态影响与潜在风险分析

（1）动植物及栖息地受到干扰

访客进入国家公园后，有可能直接或间接地对动植物及栖息地造成扰动，影响程度与访客规模、行为类型和持续时间紧密相关。

（2）自然环境和自然景观风貌受到影响

生态体验项目对于自然环境的影响主要涉及大气、水质、水文、土壤、地质等方面，影响程度与访客规模和交通方式正相关，部分影响可以通过严格的管理措施和适地的环保技术有效减缓。应科学分析这些环境影响，并由三江源国家公园管理局持续投入专项资金来探索解决途径。

生态体验项目对于自然景观风貌的影响主要指视觉景观和声音景观。国家公园管理者应记录未受到干扰时的自然场景特征，作为无改变比对样本，并对产生此类影响的体验项目进行持续的科学监测。

（3）自然资源消耗

在国家公园内开展生态体验项目将不可避免地增加局部地区的自然资源消耗，如用水、用电、供热等方面，应辩证对待此类影响。一方面，国家公园生态体验项目是全民公益性的，系统而全面地展示国家公园资源价值对于我国生态文明建设具有重要意义。

另一方面，在合理的访客规模和活动范围控制内，运用先进的技术条件支撑，这类资源消耗不会造成生态系统破坏。

（4）潜在风险

由于三江源地区的重要性以及生态系统的脆弱性，必须谨慎对待生态体验项目可能造成的潜在风险，例如访客进入国家公园时携带的外来物种可能对本地物种构成严重威胁，不当的访客行为和人工设施建设有可能引发自然灾害，包括火灾、水土流失、地表塌陷等。在当前科学技术手段尚不足以完整阐释三江源生态平衡机制并全面修复生态影响的背景下，更应当防微杜渐，始终牢记严格保护是核心任务。

5.1.2　社会影响与潜在风险

（1）本地社区影响

国家公园生态体验项目对于本地社区的影响主要体现在经济收入结构转变和多元文化碰撞两个方面。

一方面，牧民深度参与访客体验服务而减少在农牧业生产上的时间投入，短期内的经济收入水平提升将直接改变本地牧民的消费习惯，长期而言牧民可能降低对传统生产资料的依赖。

另一方面，地缘文化的传承是以语言和文字为载体，而外来文化的介入在信息化社会背景下不可避免，并且先进生产动力所形成的文化具有较强的渗透性，本地文化的原真性和完整性同样需要保护。

（2）访客安全潜在风险

访客在国家公园内的体验活动将产生连带的社会影响，既可能是正向的宣传作用；也可能因为突发事件和意外伤害产生负面的社会舆论。

因此，应在公园管理制度层面对访客人身安全做出充分保障，例如在门票中包含商业保险费用，建立规范的访客行为引导和完备的空中救援体系等。

5.2 访客容量研究

5.2.1 空间容量计算

三江源国家公园访客分为三类，体验深度逐步提升。根据三江源国家公园范围内的一类、二类游线长度及三类游线的特殊体验要求，计算三江源国家公园访客容量。

5.2.1.1 分线路空间容量计算

（1）访客一类体验线路年访客容量

从国家公园的访客体验出发，将体验线路分成两种类别：① "西宁—玛多—扎陵湖／鄂陵湖" "玛多—玉树" "玉树—杂多" "玉树—曲麻莱"为一类，该线路不进入可可西里，访客在道路上视线可及范围 1km 范围内看不到前车，即道路车辆密度为每 1km 一辆载访客 5 人的越野车；② "曲麻莱—可可西里" "格尔木—可可西里"为另一类，由于该线路进入可可西里，应有更强的荒野体验感，因此规划访客在道路上视线可及范围 3km 范围内看不到前车，即道路车辆密度为每 3km 一辆载客 5 人的越野车。

由于每辆进入国家公园范围内的车辆都必须配备公园内部的驾驶人员（向导解说人员）1 名，因此每辆车实际载访客 4 人。一类访客体验耗时约两天，故周转次数均为 1；而每条线路的平均游览天数各不相同，按线路的距离长短、通达难度等，取值为 1～2 天；三江源国家公园适合访问的时间取 90 天；综合上述，计算可得一类访客体验线路日访客容量约 7743 人，年访客容量 696837 人次，约 70 万人次（表 5-2）。

三江源国家公园访客一类体验容量推算表　　　　　　　　　　　　表 5-2

一类体验线路名称	计算长度（km）	两车合理间距（km）	每车人数（人）	一次性容量（人）	适宜体验天数（天）	年访客容量（人次）
西宁—玛多—扎陵湖／鄂陵湖	589.123	1	4	2356	90	212084
玛多—玉树	341.659	1	4	1367	90	122997
玉树—杂多—治多	501.801	1	4	2007	90	180648
玉树—曲麻莱	232.769	1	4	931	90	83797
曲麻莱—可可西里	602.239	3	4	803	90	72269

续表

一类体验线路名称	计算长度（km）	两车合理间距（km）	每车人数（人）	一次性容量（人）	适宜体验天数（天）	年访客容量（人次）
格尔木—可可西里	208.682	3	4	278	90	25042
总计	2476.273			7742		696837

（2）访客二类体验线路年访客容量

二类线路所依托的道路等级较低，路况相对复杂，因此控制二类访客线路的车辆密度较低，取两车合理间距为3km，每辆越野车实际载访客4人。周转次数为1，体验时间为90天，平均体验天数为1天，因此二类访客体验线路年访客容量103282人次，约10万人次（表5-3）。

三江源国家公园访客二类体验容量推算表　　　　　　　　　　表5-3

二类体验线路名称	计算长度（km）	两车合理间距(km)	每车人数（人）	一次性容量（人）	适宜体验天数（天）	年访客容量（人次）
西宁—玛多—扎陵湖/鄂陵湖的二类线（含奇花探秘、堤闻啼鸟、藏地史诗、高原圣行、纯牧探略、我在三江源）	240.234	3	4	320	90	28828
玛多—玉树的二类线（含纯牧探略、高原圣行）	233.310	3	4	311	90	27997
玉树—杂多的二类线（含高原圣行、昂赛之径、昂赛掠影、年都夜暖、流云垂野）	118.592	3	4	158	90	14231
曲麻莱—可可西里的二类线（含我在三江源）	268.546	3	4	358	90	32226
总计	860.682			1148		103282

（3）访客三类体验线路年访客容量

三类体验线路及体验空间大多数位于重要性或敏感性较高的地区，需严格限制访客人数；且线路情况更为复杂，对访客时间和体能的消耗更高，因此对该类线路的访客容量有着更为严格的要求。综合各类因素，三类体验线路的一次性容量取 10～20 人，其中大多数为 10 人；适宜访问天数为 30～90 天不等；平均访客体验天数为 1～6 天不等。三类访客线路年容量约 0.89 万人次（表 5-4）。

三江源国家公园访客三类体验容量推算表 表 5-4

线路名称	访问空间	一次性容量（人）	日访客容量（人次）	适宜体验天数（天）	平均体验天数（天）	年访客容量（人次）
E03 藏地史诗	神山牧场	10	10	60	1	600
E08 我在三江源	扎河乡	10	10	60	1	600
E08 我在三江源	索加乡	10	10	60	1	600
E10 野境寻踪	昂赛	10	10	45	1	450
E10 野境寻踪	从扎河乡到索加乡的线	10	10	45	1	450
E11 荒野求知	勒那村	10	10	60	6	100
E11 荒野求知	山水自然保护中心昂赛工作站	10	10	60	6	100
E11 荒野求知	卓乃湖保护站	10	10	60	6	100
E11 荒野求知	不冻泉保护站	10	10	60	6	100
E11 荒野求知	索南达杰保护站	10	10	60	6	100
E11 荒野求知	五道梁保护站	10	10	60	6	100
E11 荒野求知	沱沱河保护站	10	10	60	6	100
E13 荒野之息	野驴滩	10	10	60	1	600
E13 荒野之息	库赛湖	10	10	60	1	600
E15 奇花探秘	扎西拉武寺以北	10	10	60	1	600
E15 奇花探秘	扎西拉武寺以北	10	10	60	1	600
E16 勇攀高峰	玉珠峰	10	10	60	6	100
E16 勇攀高峰	格拉丹东	10	10	60	6	100
E21 徒步圣境	尕朵觉悟	10	10	60	6	100
E21 徒步圣境	江嘉多德	10	10	60	6	100
E21 徒步圣境	喇嘛诺拉	10	10	60	6	100
E21 徒步圣境	瓦里	10	10	60	6	100

续表

线路名称	访问空间	一次性容量（人）	日访客容量（人次）	适宜体验天数（天）	平均体验天数（天）	年访客容量（人次）
E22 溯源河巅	那扎陇查河源	10	10	30	1	300
E22 溯源河巅	那扎陇查河源	10	10	30	1	300
E22 溯源河巅	扎西气娃	10	10	30	2	150
E22 溯源河巅	姜古迪如冰川	10	10	60	3	200
E22 溯源河巅	雀莫错	10	10	60	3	200
E22 溯源河巅	纳塘卡	10	10	60	3	200
E23 知游江河	昂塞大峡谷	10	10	60	6	100
E24 守望江源	巴干乡寄宿学校	10	10	90	6	150
E24 守望江源	山水自然保护中心昂赛工作站	10	10	90	6	150
E24 守望江源	卓乃湖保护站	10	10	90	6	150
E24 守望江源	不冻泉保护站	10	10	90	6	150
E24 守望江源	索南达杰保护站	10	10	90	6	150
E24 守望江源	五道梁保护站	10	10	90	6	150
E24 守望江源	沱沱河保护站	10	10	90	6	150
总计		370	370			8900

考虑一类访客体验机会的体验方式为2日一类体验线路，二类访客体验机会的体验方式为2日一类体验线路和1日二类体验线路，三类访客体验机会的体验方式依体验要求、体验难度不等，综合可计，三江源国家公园的年访客容量为：一类体验机会70万人，二类体验机会10万人，三类体验机会8900人。

5.2.1.2　分园区空间容量计算

（1）长江源园区访客空间容量计算

①访客一类体验线路年访客容量

长江源园区内的一类体验线路共2条，分别为"曲麻莱—可可西里"线、"格尔木—可可西里"线。由于该线路进入可可西里，因此规划访客在道路上视线可及范围3km范围内看不到前车，即每3km一类线路上的访客为4人。按前述算法，计算可得长江源园区一类访客体验线路日访客容量约1081人，年访客容量97311人次，约9.8万人次（表5-5）。

长江源园区一类访客体验机会容量推算表 表 5-5

一类体验线路名称	计算长度（km）	两车合理间距(km)	每车人数（人）	一次性容量（人）	适宜体验天数（天）	年访客容量（人次）
曲麻莱—可可西里	602	3	4	803	90	72269
格尔木—可可西里	209	3	4	278	90	25042
总计	811			1081		97311

② 访客二类体验线路年访客容量

二类体验线路取两车合理间距为 3km，每辆车实际载访客 4 人。依前述算法，长江源园区二类访客体验线路年访客容量约 3.2 万人次（表 5-6）。

长江源园区二类访客体验机会容量推算表 表 5-6

二类体验线路名称	计算长度（km）	两车合理间距(km)	每车人数（人）	一次性容量（人）	适宜体验天数（天）	年访客容量（人次）
曲麻莱—可可西里的二类线（含我在三江源）	269	3	4	358	90	32226
总计	269			358		32226

③ 访客三类体验线路年访客容量

访客三类体验线路及体验空间大多数位于重要性或敏感性较高的地区，需限制访客人数。依前述算法，长江源园区三类访客线路年容量约 4300 人次。

长江源园区三类访客容量推算表 表 5-7

线路名称	访问空间	一次性容量（人）	日访客容量（人次）	适宜体验天数（天）	平均体验天数（天）	年访客容量（人次）
E08 我在三江源	索加乡	10	10	60	1	600

续表

线路名称	访问空间	一次性容量（人）	日访客容量（人次）	适宜体验天数（天）	平均体验天数（天）	年访客容量（人次）
E10 野境寻踪	从扎河乡到索加乡的线	10	10	45	1	450
E11 荒野求知	不冻泉保护站	10	10	60	6	100
E11 荒野求知	索南达杰保护站	10	10	60	6	100
E11 荒野求知	卓乃湖保护站	10	10	60	6	100
E11 荒野求知	五道梁保护站	10	10	60	6	100
E11 荒野求知	沱沱河保护站	10	10	60	6	100
E13 荒野之息 1	野驴滩	10	10	60	1	600
E13 荒野之息 2	库赛湖	10	10	60	1	600
E16 勇攀高峰	玉珠峰	10	10	60	6	100
E16 勇攀高峰	格拉丹东	10	10	60	6	100
E22 溯源河巅	姜古迪如冰川	10	10	60	3	200
E22 溯源河巅	雀莫错	10	10	60	3	200
E22 溯源河巅	纳塘卡	10	10	60	3	200
E24 守望江源	卓乃湖保护站	10	10	90	6	150
E24 守望江源	不冻泉保护站	10	10	90	6	150
E24 守望江源	索南达杰保护站	10	10	90	6	150
E24 守望江源	五道梁保护站	10	10	90	6	150
E24 守望江源	沱沱河保护站	10	10	90	6	150
总计		190	190			4300

（2）黄河源园区访客空间容量计算

① 访客一类体验线路年访客容量

黄河源园区内的一类体验线路为"西宁—玛多—双湖"线。按前述算法，计算可得黄河源园区一类访客体验线路日访客容量约 2356 人，年访客容量 212084 人次，约 21.3 万人次（表 5-8）。

黄河源园区一类访客体验机会容量推算表   表 5-8

一类体验线路名称	计算长度（km）	两车合理间距（km）	每车人数（人）	一次性容量（人）	适宜体验天数（天）	年访客容量（人次）
西宁—玛多—扎陵湖/鄂陵湖	589	1	4	2356	90	212084
总计	589	1	4	2356	90	212084

② 访客二类体验线路年访客容量

访客二类线路取两车合理间距为3km，每辆车实际载访客4人。依前述算法，黄河源园区二类体验线路年访客容量28828人次，约2.8万人次（表5-9）。

黄河源园区二类访客体验机会容量推算表 表5-9

二类体验线路名称	计算长度（km）	两车合理间距(km)	每车人数（人）	一次性容量（人）	适宜体验天数（天）	年访客容量（人次）
西宁—玛多—扎陵湖/鄂陵湖的二类线（含奇花探秘线、堤闻啼鸟线、藏地史诗、高原圣行、纯牧探略、我在三江源）	240	3	4	320	90	28828
总计	240	3	4	320	90	28828

③ 三类访客体验线路年访客容量

三类访客体验线路及体验空间大多数位于重要性或敏感性较高的地区，需限制访客人数。依前述算法，黄河源园区三类访客线路年容量约700人次（表5-10）。

黄河源园区三类访客容量推算表 表5-10

线路名称	访问空间	一次性容量（人）	日访客容量（人次）	适宜体验天数（天）	平均体验天数（天）	年访客容量（人次）
E10 荒野求知	勒那村	10	10	60	6	100
E22 溯源河巅	那扎陇查河源	10	10	30	1	300
E22 溯源河巅	那扎陇查河源	10	10	30	1	300
总计		30	30	0	0	700

（3）澜沧江源园区访客空间容量计算

① 访客一类体验线路年访客容量

澜沧江源园区内的一类体验线路共3条,分别为"玛多—玉树"线、"玉树—杂多—治多"线、"玉树—曲麻莱"线。按前述算法,计算可得澜沧江源园区一类体验线路日访客容量约4305人,年访客容量387442人次,约38.7万人次(表5-11)。

澜沧江源园区一类访客体验机会容量推算表 表 5-11

一类体验线路名称	计算长度(km)	两车合理间距(km)	每车人数(人)	一次性容量(人)	适宜体验天数(天)	年访客容量(人次)
玛多—玉树	342	1	4	1367	90	122997
玉树—杂多—治多	502	1	4	2007	90	180648
玉树—曲麻莱	233	1	4	931	90	83797
总计	1076			4305		387442

② 访客二类体验线路年访客容量

二类线路取两车合理间距为3km,每辆车实际载访客4人。依前述算法,澜沧江源园区二类体验线路年访客容量42228人次,约4.2万人次(表5-12)。

澜沧江源园区二类访客容量推算表 表 5-12

二类体验线路名称	计算长度(km)	两车合理间距(km)	每车人数(人)	一次性容量(人)	适宜体验天数(天)	年访客容量(人次)
玛多—玉树的二类线(含纯牧探略、高原圣行)	233	3	4	311	90	27997
玉树—杂多的二类线(含高原圣行、昂赛之径、昂赛掠影、年都夜暖、流云垂野)	119	3	4	158	90	14231
总计	352			469		42228

③访客三类体验线路年访客容量

三类体验线路及体验空间大多数位于重要性或敏感性较高的地区，需限制访客人数。依前述算法，澜沧江源园区三类访客线路年容量约3900人次。

澜沧江源园区三类访客容量推算表　　　　　　　　　　　　　表 5–13

线路名称	访问空间	一次性容量（人）	日访客容量（人次）	适宜体验天数（天）	平均体验天数（天）	年访客容量（人次）
E02 藏地史诗	神山牧场	10	10	60	1	600
E10 野境寻踪	昂赛	10	10	45	1	450
E11 荒野求知	山水自然保护中心昂赛工作站	10	10	60	6	100
E15 奇花寻踪	扎西拉武寺以北	10	10	60	1	600
E15 奇花寻踪	扎西拉武寺以北	10	10	60	1	600
E21 徒步圣境	尕朵觉悟	10	10	60	6	100
E21 徒步圣境	江嘉多德	10	10	60	6	100
E21 徒步圣境	喇嘛诺拉	10	10	60	6	100
E21 徒步圣境	瓦里	10	10	60	6	100
E22 溯源河巅	那扎陇查河源	10	10	30	1	300
E22 溯源河巅	那扎陇查河源	10	10	30	1	300
E22 溯源河巅	扎西气娃	10	10	30	2	150
E23 知游江河	昂塞大峡谷	10	10	60	6	100
E24 守望江源	巴干乡寄宿学校	10	10	90	6	150
E24 守望江源	山水自然保护中心昂赛工作站	10	10	90	6	150
总计		160	160			3900

5.2.2　生态容量计算

目前我国各类自然保护地规划管理相关的规范、章程、政策文件中，除《风景名胜区规划规范》GB 50298—1999 对风景名胜区的访客生态容量标准进行了较详细的具体规定，其余较为缺失。《风景名胜区规划规范》GB 50298—1999 中对不同类型用地的生态容量允许标准给出了不同的规定，其中最严格的规定为 2～3 人 /hm²。三江源国家公园是典型的高寒生态系统，有着敏感性、脆弱性的典型特点，因此沿用最严格的有据可查的自然保护地生态允许标准计算访客空间容量，取

2 人 / hm²。三江源国家公园总面积 12.31 万 km²，共可容纳 2462 万人。规划三江源国家公园的年访客容量为：一类体验机会 70 万人，二类体验机会 10 万人，三类体验机会 8900 人。该容量远远小于计算出的 2462 万人，因此是生态友好的（表 5-14）。

规划进入可可西里的一类线路总长为 232.018km，为营造更好的荒野体验氛围，规划访客在道路上视线可及的 3km 范围内看不到前车，即道路车辆密度为每 3km 一辆载访客 4 人的越野车。一类访客体验耗时约两天，故周转次数均为 1；平均游览天数为 2 天；适合访问的时间取 90 天，最后可得可可西里线年访客容量为 11137 人次。该数值远小于《可可西里总体规划（2014—2030）》中的相关规定，也远低于《世界遗产提名地青海可可西里保护管理规划》中对于科普教育模式的访客容量要求，因此认为可可西里线作为一类访客体验线路是生态友好的（表 5-15）。

可可西里范围内无二类体验线，三类体验线包含 E13-C 守望江源线（卓乃湖保护站）、E13-C 守望江源线（卓乃湖保护站）、E13-C 守望江源线（库赛湖）等，三类体验线的一次性容量、适宜访问天数、平均游览天数不同，综合可得可可西里内的三类体验线年访客容量为 1800 人次，与《世界遗产提名地青海可可西里保护管理规划》中对于生态体验模式的要求相同，因此是生态友好的。

三江源国家公园可可西里线一类访客容量推算表   表 5-14

一类体验线路名称	计算长度（km）	两车合理间距（km）	每车人数（人）	一次性容量（人）	日游人容量（人次）	适宜访问天数（天）	平均游览天数（天）	年游人容量（万人次）
国家公园范围内的可可西里线	232	3	4	0.8	186	90	2	11137

三江源国家公园可可西里线各类访客容量与其他规划的比较   表 5-15

	本次规划		可可西里总体规划（2014—2030）		世界遗产提名地青海可可西里保护管理规划 2015		
	一类访客体验线路	三类访客体验线路	青藏公路沿线	库赛湖—青藏公路沿线	科普教育模式	生态体验模式	科考模式
访客日容量（人次）	186	40	5500	1200			
访客年容量（万人次）	1.11	0.18	66	14.4	2.5	0.18	0.024

5.2.3　生态足迹计算

5.2.3.1　生态足迹理论简介

生态足迹（Ecological Footprint，ET），即任何已知人口（某个个人、一个城市或一个国家）的生态足迹是生产这些人口所消费的所有资源和吸纳这些人口所产生的所有废弃物所需要的生物生产土地的总面积和水资源量。

旅游生态足迹，是指在一定时空范围内，与旅游活动有关的各种资源消耗和废弃物吸收所必需的生物生产土地面积，即把旅游过程中旅游者消耗的各种资源和废弃物吸收用被人容易感知的面积观念进行表述，这种面积是全球统一的、没有区域特性的，具有直接的可比较性[1]。

5.2.3.2　生态足迹计算步骤[2]

（1）划分消费项目，计算各主要消费项目和废弃物消纳中自然资源的消费量。

（2）利用年平均产量数据，将上述两类资料占用按照生态生产能力和废弃物消纳能力，分别折算成具有生态生产力的六类主要陆地和水域生态系统面积。

（3）通过均衡因子（r_j）消弭不同土地类型生产力之间的差异，把各类生物生产性土地面积转换为等价生产力的土地面积，将各类土地面积汇总，计算生态足迹。

$$EF = N \times ef = N \times r_j \times \sum (aa_i) = N \times r_j \times \sum (C_i/P_i)$$

式中　i——商品消费的生物量；

P_i——i种消费商品的全球平均产量；

C_i——i种商品的人均消费量；

r_j——均衡因子；

aa_i——人均i种交易商品折算的生物生产性土地面积；

N——人口数；

ef——人均生态足迹；

EF——总的生态足迹。

（4）计算总生态承载力（Ecological Carrying Capacity，EC）。

$$EC = N \times ec = N \times \sum (r_j \times y_j \times a_j)$$

式中　ec——人均生态承载力；

j——生物生产性土地的类型；

a_j——人均生物生产性土地面积；

y_j——产量因子（用于消弭不同地区相同地类土地生产力之间的差异）。

1　杨桂华，李鹏．旅游生态足迹：测度旅游可持续发展的新方法 [J]．生态学报，2005，06

2　章锦河．基于生态足迹的区域旅游环境影响研究 [M]．安徽人民出版社，2009，04

（5）计 算 生 态 盈 余（Ecological Remainder，ER）或 生 态 赤 字
（Ecological Debt，ED）

$$ER = EC - EF（EF \leq EC）$$
$$ED = EF - EC（EF \geq EC）$$

5.2.3.3 生态足迹计算

利用生态足迹的理论，计算三江源地区 4 县（国家公园园区所在的曲麻莱县、治多县、杂多县及玛多县）16.64 万居民[1] 与预期 70 万访客对三江源地区生态环境的影响。

（1）居民生态足迹

对农业用地、牧业用地、水域、能源用地这几种不同土地类型的消费生物量进行计算，得到 2015 年三江源地区居民的生态足迹（表 5-16）。人均生物量取《2016 年青海省统计年鉴》给出的青海省 2015 年省人均生物量。

1 《2016 年青海省统计年鉴》.

2015 年三江源地区居民生态足迹计算表   表 5-16

消费类型	生物量（kg）	人均生物量（kg）	全球平均产量（kg/m²）	土地类型	均衡因子	生态足迹（hm²）	人均生态足迹（hm²）
粮食	47469946	117.6	2744	农业用地	2.8	48439	0.1200
油料	3834732	9.5	1586	农业用地	2.8	6770	0.0168
蔬菜	25309231	62.7	18000	农业用地	2.8	3937	0.0098
瓜果类	11262002	27.9	3500	农业用地	2.8	9010	0.0223
酒类	1654990	4.1	1871	农业用地	2.8	2477	0.0061
猪肉	4157657	10.3	74	牧业用地	0.5	28092	0.0696
牛肉	1816452	4.5	33	牧业用地	0.5	27522	0.0682
羊肉	2785226	6.9	33	牧业用地	0.5	42200	0.1045
禽类	1291699	3.2	457	牧业用地	0.5	1413	0.0035
奶类	7023614	17.4	534	牧业用地	0.5	6576	0.0163
蛋类	1735721	4.3	502	牧业用地	0.5	1729	0.0043
水产品	847678	2.1	29	水域	0.2	5846	0.0145
以上总和	—					184011	0.4559
总能耗	2811838884	6965.9286	2627	能源用地	1.1	1177397	2.9168
总和	—					1361409	3.3727

（2）三江源地区访客生态足迹

访客人均生态足迹采用《基于生态足迹的青海湖景区可持续性发展研究》[1]一文中分餐饮、住宿、交通、游览、购物、娱乐6方面计算所得的青海湖景区人均生态足迹数据（表5-17）。

2006年青海湖景区生态足迹表[1]　　　　　　　　　　　　　　　　表5-17

旅游生态足迹结构	人均生态足迹（$\times 10^{-5}$hm²）	比例（%）
旅游餐饮	326.69	10.19
旅游住宿	7.90	0.25
旅游交通	2841.14	88.60
旅游游览	7.52	0.23
旅游购物	23.43	0.73
旅游娱乐	0.00	0.00
合计	3206.68	100

（3）生态足迹汇总

对三江源地区2015年居民与访客的生态足迹进行汇总（表5-18）。

2015年三江源地区居民与访客生态足迹总表　　　　　　　　　　　表5-18

	人均生态足迹（hm²）	人数（万人）	生态足迹（hm²）	生态足迹比例（%）
居民	3.37	16.64	561166	96.15
访客	0.03	70.00	22447	3.85
总和			583613	100.00

1　王辉.基于生态足迹的青海湖景区可持续性发展研究 [D]. 北京交通大学，2011，06.

由上表可看出，70万访客的生态足迹远小于三江源地区现有居民的生态足迹。

（4）生态承载力

根据三江源地区不同土地类型的面积计算三江源地区生态承载力（表5-19）。

三江源地区生态承载力表　　　　　　　　　　　　　　表5-19

土地类型	玛多县面积（hm²）	治多县面积（hm²）	杂多县面积（hm²）	曲麻莱县面积（hm²）
草地	1875940	2145293	2366200	3755400
	总面积（hm²）	产量因子	生态承载力（hm²）	人均生态承载力（hm²）
	10142833	0.19	19271388	4.8

三江源地区总生态承载力为19271388hm²。其中居民的生态足迹为561166hm²，占总生态承载力的29.1%。70万访客的生态足迹为22447，占总生态承载力的1.2%。访客和居民的总生态足迹为583613hm²，占总生态承载力的30.3%。生态盈余为1343525hm²，占总生态承载力的69.7%。因此是生态友好的。

5.2.4　小结

5.2.4.1　总容量及各生态体验线路访客容量

根据规划计算，三江源国家公园的访客容量约为：一类线路访客容量为70万，二类线路访客容量为10万，三类线路访客容量为0.92万。其中，可可西里线一类体验线路的年访客容量为11137人次，三类体验线的年访客容量为1800人次。为检验该容量是否生态友好，进行了如下核算：

（1）生态容量计算：三江源国家公园总面积12.31万km²，参照《风景名胜区规划规范》GB 50298—1999中最严格的一类要求，共可容纳2462万人。《可可西里总体规划（2014—2030）》青藏公路沿线访客年容量为66万人次，库赛湖—青藏公路沿线访客年容量为14.4万人次；《世界遗产提名地青海可可西里保护管理规划2015》中规定科普教育模式的访客年容量为2.5万人次，生态体验模式为0.18万人次。本规划的访客容量远低于上述规划，因此可以认为本规划确定的各类体验线路是生态友好的。

（2）生态足迹计算：三江源国家公园总生态承载力为19271388 hm²。

三江源国家公园 70 万访客将产生生态足迹 22447 hm², 占总生态承载力的 1.2%; 三江源地区 16.64 万居民共产生生态足迹 561166 hm², 占总生态承载力的 30.3%; 生态盈余为 1343525hm², 占总生态承载力的 69.7%。因此是生态友好的。

5.2.4.2 各园区访客容量

长江源园区一类访客体验线路年访客容量约 9.8 万人次; 二类访客体验线路年访客容量约 3.2 万人次; 三类访客线路年容量约 4300 人次。黄河源园区一类访客体验线路年访客容量约 21.3 万人次; 二类访客体验线路年访客容量约 2.8 万人次; 三类访客线路年容量约 700 人次。澜沧江源园区一类访客体验线路年访客容量约 38.7 万人次; 二类访客体验线路年访客容量约 4.2 万人次; 三类访客线路年容量约 3900 人次。

三江源国家公园各园区应以本规划确定的各园区极限访客容量为管控最低标准, 并严格执行各生态体验项目的容量控制要求, 建立完善的访客预约入园制度, 加强各园区的访客入园管理。

5.3 访客影响管理

有效管理访客影响是三江源国家公园生态体验活动可持续开展的重要保障, 需要对相应管理制度进行顶层设计, 管理措施的制定应对照生态体验影响分析, 并对影响源头和影响过程做出前置性调控。以下提出 6 项全国性访客影响管理措施。同时, 还应通过监测牧民参与和保障机制等措施加强对访客影响的管控。

(1)访客入园预约制度

落实《三江源国家公园访客管理办法》访客预约制度, 访客依法依规进入三江源国家公园需要进行实名预约, 并在指定的生态体验中心换领门票, 接受入园环境教育。国家公园的入园名额根据各园区生态环境容量确定, 可依据季节调整, 相关信息应向全社会公示、公开。

根据各园区实际情况, 合理降低生态体验影响, 部分地段可在《三江源国家公园访客管理办法》的基础上进一步施行分时段预约制度和封闭轮休制度。各园区应严格控制访客规模, 预约结果和入园名额分配情况需即时对外发布。

访客在预约入园门票的同时还应当根据体验项目安排预约专业讲解员, 以及随队牧民讲解员和司机, 需提前 7 至 60 天预约。

(2)随队牧民讲解员和司机制度

鼓励本地牧民在经过相应培训后参与生态体验服务(可与生态管护

员岗位资助相叠加），园区内开展体验项目时，要求随队安排牧民讲解员，随车安排牧民司机。

在访客参与体验项目时，牧民讲解员应提前告知相关禁止事项，如禁止携带种子、危险化学品和生物制品、不得喷涂香水等，明确人工光源和扩音设备使用条件，并在随队访问时及时防止访客可能发生的不文明行为。

（3）低碳体验奖励制度

国家公园内倡导低碳体验方式。位于生态环境脆弱和远离人口聚集区的体验项目，鼓励访客自行携带必需的给养和体验设备。

鼓励访客自行回收生活垃圾并带离国家公园，国家公园管理局可以提供一定的物质或精神奖励。

（4）国家公园访客行为征信制度

建立三江源国家公园访客信用档案，对访客在三江源国家公园内获得的荣誉奖励或不文明行为进行完整记录，并与其他国家公园共享数据。如访客在三江源国家公园内产生较严重的生态影响或社会影响，除依照《三江源国家公园条例》和《三江源国家公园访客管理办法》追究相应责任外，还将被列入全国国家公园访客黑名单，视情节严重程度核定禁止入园期限。待相关条件成熟后，国家公园和其他各类自然保护地将共享访客信用档案，并纳入社会信用体系。

（5）访客自驾车入园管控制度

访客预约进入国家公园时需登记是否自驾机动车，并填写机动车型号、排放标准和车辆状态，禁止访客驾驶环保检验不合格的机动车进入国家公园。旺季期间，部分热门体验线路可分时段调控访客自驾车进入量，避免交通拥堵和违规停放。

除访客自驾车入园外，国家公园内的交通负荷主要来自本地居民和过境交通。国家公园管理机构应联合州、县交通管理部门，通过道路监控系统进一步识别、统计过境车辆，规划远期可对环保不达标车辆制定限制过境措施。

（6）访客体验反馈和追踪制度

鼓励访客在离开国家公园后通过电子平台填写体验反馈问卷，三江源国家公园管理局应建立访客体验工作台账，将关键问题汇总、记录并做出及时响应，每季度对社会发布相关工作进展。

三江源国家公园采取全面预约制度后，应对访客进行追踪调查。同时，应有针对性地维护访客关系，适时回访并推送国家公园最新动态（自然景色、动物踪迹和文化活动等），寻找并培养真正热爱、关心三江源的访客群体，鼓励他们加入三江源国家公园志愿服务体系，扩大环境教育影响力。

第六章

牧民参与研究

6.1　牧民参与原则

牧民受益：一是为牧民提供就业机会与直接的经济收入；二是通过培训使牧民获取相关就业技能；三是通过访客接待等项目带动相应基础设施的建设，改善牧民的生活环境；四是增强牧民对自身文化的认同感和归属感，提升牧民的民族自豪感。

公平公正全村认可：人员选拔上注重公平公正和牧民自身意愿，保证被选拔出来的人能胜任相应工作。

择优录取：针对一些特殊岗位，需要经过相关课程的培训或通过相关资格考核。

和保护管理成效挂钩：优先选择积极参与到国家公园相关的保护工作中并有显著工作成效的牧民。

支持精准扶贫：对于家庭情况特别困难的牧民，为其优先提供合适岗位。

6.2　牧民参与的需求

6.2.1　参与内容与技能需求

牧民参与到生态体验和环境教育项目中可以担任以下七种岗位的工作：驾驶员、解说员、导引员、维护员、监测员、炊事员、歌舞演员等。

其中，各类岗位必须掌握的技能见表6-1：

各类岗位必须掌握的技能一览表　　　　　　　　　　　　　　　表6-1

岗位类型	必需技能
驾驶员	具备驾驶技术，需要掌握突发车辆问题处理、野外急救等技能；但不一定能参与解说
解说员	具备驾驶技术，需要掌握突发车辆问题处理、野外急救等技能；需要掌握流利的汉语并熟悉对应的知识点，具体的知识点根据对应项目有具体要求
导引员	作为部分生态体验活动（以各种观花观鸟活动为主）中的向导，需要对当地情况非常了解，能为访客带路；不要求具有驾驶和解说技能
维护员	负责国家公园内部分设施维护和访客管理工作，需要掌握相关设施的维护方法和访客管理方法，具体根据对应项目有具体要求

岗位类型	必需技能
监测员	负责部分监测点的日常监测活动，需要掌握监测活动对应的监测方法和对监测设备的使用，具体根据对应项目有具体要求
炊事员	参与部分需要进行餐饮活动的项目，需要能制作藏族特色食品
歌舞演员	参与部分具有表演性的项目，需要能进行传统藏族歌舞表演

　　根据各个体验项目的不同需求，部分人员需要一些特殊技能，如表 6-2 所示。

各类人员需要的特殊技能一览表　　　　　　　　　　　　　　　　　　表 6-2

项目编号	体验类型	岗位类型	特殊技能需求
E01	江河探源	监测员	监测水质、水量
E05	极目天河	维护员	热气球知识与维护技能
E12	昂赛之径	解说员	骑马
E16	勇攀高峰	维护员	管理登山大本营的进出情况及人员管理
		监测员	记录冰川的末端海拔及其他数据、监测营地周围生态系统破坏情况、检测营地附近河流水质污染情况
E18	昂赛掠影	导引员	掌握特定的解说技能
		监测员	定期定点拍照，监测审美价值

　　除以上七类岗位之外，牧民还能以家庭为单位，参与到部分项目（如酥油下午茶、纯牧探略等）中，为访客提供家庭式的接待服务。

6.2.2　参与人数需求

　　三江源国家公园每年一共能提供给牧民的工作岗位数量为驾驶员 215 人、解说员 965 人、导引员 36 人、维护员 15 人、监测员 25 人、炊事员 65 人、歌舞演员 210 人。

　　其中三个园区分别能提供各岗位数量如表 6-3。

各园区所提供的岗位数一览表（单位：个）　　　　　　　　　　　　　表 6-3

	驾驶员	解说员	导引员	维护员	监测员	炊事员	歌舞演员
长江源区	69	467	15	6	14	25	40
黄河源区	53	145	8	4	3	13	70

续表

	驾驶员	解说员	导引员	维护员	监测员	炊事员	歌舞演员
澜沧江源区	93	353	13	5	8	27	100
合计	215	965	36	15	25	65	210

具体每个项目需要的岗位类型和岗位数量如表6-4：

各生态体验项目所需岗位一览表　　　　　　　　　　　　　　　表6-4

项目编号	体验类型	岗位数量（个）						
		驾驶员	解说员	导引员	维护员	监测员	炊事员	歌舞演员
E01	江河探源	—	50	—	—	—	—	—
E02	堤闻啼鸟	—	18	—	—	—	—	—
E03	藏地史诗	—	50	—	—	—	—	120
E04	高原圣行	—	—	—	—	—	—	—
E05	极目天河	—	—	—	—	9	2	—
E06	流云垂野	—	—	—	—	—	—	—
E07	酥油下午茶	—	20	—	—	—	20	60
E08	我在三江源	—	—	—	—	—	—	—
E09	邂逅动物	10	—	—	—	—	—	—
E10	野境寻踪	20	10	—	—	—	—	—
E11	荒野求知	65	30	25	—	—	25	—
E12	昂赛之径	25	30	—	—	—	—	—
E13	荒野之息	—	—	—	—	—	—	—
E14	地质奇观	25	25	—	—	—	—	—
E15	奇花探秘	—	15	5	—	—	—	—
E16	勇攀高峰	20	6	—	6	12	6	—
E17	纯牧探略	—	20	—	—	—	—	—
E18	昂赛掠影	—	6	6	—	—	—	—
E19	年都夜暖	—	10	—	—	—	10	30
E20	牧民科学家	—	—	—	—	—	—	—
E21	徒步圣境	20	10	—	—	5	—	—
E22	溯源河巅	30	30	—	—	6	—	—
E23	知游江河	—	—	—	—	—	—	—
E24	守望江源	—	—	—	—	—	4	
合计		215	330	36	15	25	65	210

除各项目之外，在各类体验线路上还能提供解说员岗位共 635 个。其中黄河源区 369 个、长江源区 37 个、澜沧江园区 229 个。

6.3　牧民参与机制

完善牧民参与机制，进一步引导牧民参与到国家公园的生态体验、环境教育和监测活动中。

6.3.1　"管理局—牧委会—牧民"多方合作机制

建议三江源国家公园管理局建立"管理局主导、牧委会 / 村委会自主管理、牧民积极参与"的多方合作机制。

（1）国家公园管理局主导

主要强调国家公园管理局在牧民参与过程中所起的宏观控制与引导作用。国家公园管理局可根据各项目需求提供工作岗位并提出工作要求，明确牧民在生态体验、环境教育和监测活动中应该承担的工作和责任，并定期对工作人员进行绩效考核。国家公园管理局作为监督和监管机构，给予牧委会 / 村委会技术指导和一定的资金支持。

（2）牧委会 / 村委会自主管理

牧民参与过程中的人员管理工作，包括岗位选拔、工作分工、岗位轮换、人员晋升等方面，均由牧委会 / 村委会自主负责。牧委会 / 村委会可与国家公园管理局签订合作协议，根据国家公园管理局提供的工作岗位制定出具体的人员管理办法，并与国家公园管理局达成一致。

（3）牧民积极参与

牧民个人可根据自身情况，向牧委会 / 村委会申请工作岗位，参与工作培训。牧民也可以成立民间团体，以团体为单位向牧委会 / 村委会申请特许经营项目，如牧民车队、牧民表演队等。

6.3.2　培训机制

6.3.2.1　培训内容

培训内容主要包括价值认知、专项技能、服务理念等三个方面。

价值认知一方面是对国家公园的价值的认知，提升牧民对国家公园的认知和认同，使其能积极参与到国家公园的保护管理工作中；另一方面是对本土文化的认知和保护，建立起牧民对自身文化的认同感和自豪感，使其能更好的参与到自身文化的保护和传播中。

专项技能是根据各个项目相关岗位进行的具体职业技能培训，包括针对解说员的知识点培训，针对维护员的各类设施维护技术培训，针对驾驶员或导引员的野外急救技能培训等。

服务理念主要包括汉语、卫生习惯、服务礼仪等方面的内容，意在建立起牧民工作者的服务意识，提升牧民工作者的服务水平。

6.3.2.2　培训方式

培训方式包括集中在地培训、网络培训和外派进修三种方式。

集中在地培训主要包括由国家公园管理局成立牧民学校和 NGO 组织的牧民工作坊、交流会等。

国家公园管理局提供部分职业技能的网络课程培训，比如解说知识点的培训等。

对一些当地无法培训的项目，可以选拔优秀牧民外出进修。

6.3.2.3　培训机制

对于牧民的培训应以国家公园管理局为主导，可设立专门的牧民学校，提供价值认知、专项技能、服务理念三方面的培训。其中，价值认知的培训面向国家公园内及周边的全体牧民，可免费对牧民开放；专项技能和服务理念主要针对参与到国家公园保护管理工作中的牧民，培训后应有一定的考核和认证。

同时应加强多方参与机制，加强对牧民各类技能的培训，包括但不限于各类职业必需的各类技能培训，还包括手工艺、环境保护等多方面内容。合作伙伴包括当地社区、NGO、科研与监测机构、中小学校、其他个人、媒体等。

6.3.3　保障机制

国家公园内的生态体验、环境教育和监测活动等工作的就业岗位和相关培训课程应优先选择国家公园范围内和周边的牧民。

建立合理的利益分配机制。一方面是人员选拔时的人员轮换机制，保证大多数牧民能参与到国家公园的保护管理工作中并从中获益；另一方面，针对在某些村开展的特许经营项目，在利用分配时要惠及全村或牧委会。

6.3.4　奖励机制

建立奖励机制对积极参与到国家公园相关事务的牧民个人及社区给予适当的奖励。奖励不仅局限于经济上，还应包含政策倾斜、优先解决就业等其他方面。具体的组织方式包括以下几点：

（1）建立年度绩效考评制度，综合评估工作绩效和保护成效，表彰先进牧民个人、先进牧民社区和先进牧民团体；

（2）经济上给予先进牧民格外的年度奖金，并在岗位人员选拔和外派学习人员选拔中优先选择先进牧民；

（3）向先进牧民开放牧民科学家体验项目，先进牧民可在网上预约并参与体验；

（4）对于在保护管理方面有显著成效的社区或牧民民间团体，之后有类似项目予以优先考虑。

第七章

监测体系研究

7.1　原则

7.1.1　构建以价值为基础的监测指标体系

　　监测指标的选择应紧密围绕三江源国家公园的价值,包括自然环境、地质地貌价值、生态系统价值、生物多样性价值、审美价值和文化价值。监测指标体系包括生态体验项目对价值产生的生态和社会影响监测指标、访客对价值的体验效果监测指标、对价值的解说教育的成果监测指标以及相关的项目组织和管理监测指标(包括社区参与监测和管理能力监测)。

7.1.2　基于"状态—压力—响应"模型构建影响指标体系

　　针对生态体验项目对三江源国家公园价值产生的生态或社会影响评价,规划基于"状态—压力—响应"模型,以国家公园价值载体为监测对象,建立了"价值载体的状态—关键压力因子—关键响应措施"的指标体系。状态监测指标的选择原则是能评估价值载体总体健康状况且容易测量。关键压力因子监测指标的选择原则是能评估不同体验项目对价值产生的关键压力情况且容易测量,如访客规模等。关键响应措施监测指标的选择原则是能评估采取的相应措施实施情况且容易测量,如访客管理等。

7.1.3　基于"可接受的改变极限"理论建立监测反馈机制

　　"可接受的改变极限"(LAC)理论中与监测相关的关键步骤包括:选择有关资源状况和社会状况的监测指标;确定每一旅游机会类别的资源状况标准和社会状况标准;实施行动计划并监测资源与社会状况。规划基于LAC理论,建立监测与访客管理的反馈机制,包括指标和标准的确定、超过标准后的行动计划。根据监测中发现的问题,与管理者价值载体状态的标准,即每一个指标可接受的极限值。对超过标准的区域进行相关生态体验项目影响的再评估,同时制定明确的行动计划包括访客管理、生态修复等,使监测指标恢复到标准之内。

7.1.4　建立完善生态体验与环境教育监测的机制

　　建立协调机制,设立专人或机构负责生态体验与环境教育监测及与国家公园监测系统的协调。生态体验监测和环境教育监测属于三江源国家公园监测系统的重要组成部分,监测点位布置、监测人员安排和机构设置应与国家公园监测系统相协调。

完善监测的人才培养机制和公众参与机制，以保障监测工作的科学性、有效性和公益性。

7.2 监测指标体系

《三江源国家公园总体规划》提出以青海省生态环境监测网络平台为基础，以国家公园所在县县域为监测评估范围，进一步完善生态监测评估指标体系和标准体系。《三江源国家公园生态保护专项规划》在环境、生态系统与物种多样性、自然灾害与生态退化防控和资源环境承载力方面建构生态监测项目。本规划中的监测指标体系，是在上述规划的基础上，对生态体验影响监测的强化，以期通过监测建立起生态体验影响和生态体验管理之间的联系。与《三江源国家公园生态保护专项规划》中对于环境和生态系统的监测相比，本规划在生态体验影响监测指标中增加了审美价值监测和文化价值监测两部分内容。

本次规划的监测对象包括生态体验影响、访客服务与管理、环境教育、牧民参与和管理能力共 5 大类，37 个监测项目，71 个指标（表 7-1）。其中生态体验影响监测共 21 个监测项目，35 个指标；其他 4 个部分，即访客服务与管理监测、环境教育监测、牧民参与监测与管理能力监测，共 16 个监测项目、36 项指标。通过对访客服务与管理、环境教育、牧民参与和管理能力进行监测，可以识别生态体验项目对价值产生的关键压力和响应措施的实施效果，反馈并调整生态影响管理的响应措施，以降低生态体验项目对三江源国家公园价值的影响与干扰。

监测指标体系汇总表   表 7-1

类型		监测项目数量	指标数量	编号
生态体验影响 （21 个监测项目，35 项指标）	自然环境监测	3	7	Ma-1 ～ Ma-3
	地质地貌价值监测	2	2	Ma-4 ～ Ma-5
	水文价值监测	2	3	Ma-6 ～ Ma-7
	生态系统价值监测	3	7	Ma-8 ～ Ma-10
	生物多样性价值监测	6	9	Ma-11 ～ Ma-16
	文化价值监测	3	3	Ma-17 ～ Ma-19
	审美价值监测	2	4	Ma-20 ～ Ma-21
访客服务与管理监测		8	17	Mb1-1 ～ Mb1-8

续表

类型	监测项目数量	指标数量	编号
环境教育监测	2	4	Mb2-1 ～ Mb2-2
牧民参与监测	3	9	Mb3-1 ～ Mb3-3
管理能力监测	3	6	Mb4-1 ～ Mb4-3
合计	37	71	—

　　监测点位布局应与生态体验与环境教育项目位置相协调,根据项目对资源价值产生的影响范围而进行调整。监测周期应根据实际情况进行调整,以保证足够的频率。

7.2.1　生态体验影响监测

　　生态体验影响监测是针对每一个生态体验项目所体现的价值载体的状态、关键压力因子和关键响应措施制定相应的监测指标,使监测结果能够更好地反映国家公园价值的状态及项目对价值的影响情况,并指导价值保护和影响控制。生态体验影响监测的对象包括自然环境、地质地貌价值、水文价值、生态系统价值、生物多样性价值、审美价值和文化价值等 7 小类,指标 41 项,包括状态指标 25 个,关键压力指标 9 个,关键响应措施指标 7 个。其中的关键压力指标和关键响应措施指标中的访客量与行为活动监测的指标设置与 7.2.2 保持一致,即"生态影响监测"的结果需要和"访客服务与管理"的监测结果进行整合分析,才能确定生态体验项目产生的影响。

7.2.1.1　自然环境监测

　　自然环境监测包括声环境质量监测、水环境质量监测和大气环境监测,共 3 个监测项目。主要监测方式采用定点监测和区域监测,主要监测点位于可能影响自然环境质量的项目区域(表 7-2)。

自然环境监测指标一览表　　　　　　　　　　　　　　　　　　　　　　　　　　表 7-2

编号	监测项目	状态监测(S)			关键压力因子(P)	关键响应措施(R)	监测点	涉及的项目
		监测指标	监测周期	监测方法	监测指标	监测指标		
Ma-1	声环境质量	(1)环境噪声	实时监测(监测月份视具体项目而定)	监测点监测和区域监测	Mb1-1;Mb1-7	Mb1-1;Mb1-7	项目涉及范围内设置采样点	极目天河、藏地史诗、年都夜暖

编号	监测项目	状态监测（S）			关键压力因子（P）	关键响应措施（R）	监测点	涉及的项目
		监测指标	监测周期	监测方法	监测指标	监测指标		
Ma-2	水环境质量	（2）水质（高锰酸盐指数、氨氮、PH值、BOD5、溶解氧等数十个指标）	一年一次（监测月份视具体项目而定）	定点采样监测	Mb1-1；Mb1-7	Mb1-1；Mb1-7	项目涉及范围内选择采样点	勇攀高峰；守望江源；荒野求知；柏海怀古；长江探源；黄河探源；巅之湿地；溯源冰川；高山谷曲；赛马荒原；百里望湖
Ma-3	大气环境	（3）二氧化硫（SO_2）、（4）二氧化氮（NO_2）、（5）一氧化碳（CO）、（6）臭氧（O_3）（7）颗粒物（PM10）	空气自动连续监测系统	定点监测	Mb1-1	Mb1-1	项目涉及范围内，距离污染源50m范围外的开敞处设置监测点	极目天河

7.2.1.2 地质地貌价值监测

地质地貌价值监测包括冰川监测和地质地貌监测，共2个监测项目。主要监测方式采用遥感监测，主要监测点位于可能影响地质地貌价值的项目区域（表7-3）。

地质地貌监测指标一览表　　　　　　　　　表7-3

编号	监测项目	状态监测（S）			关键压力因子（P）	关键响应措施（R）	监测点	涉及的项目
		监测指标	监测周期	监测方法	监测指标	监测指标		
Ma-4	冰川	（1）冰川末端变化及冰川面积	一年一次	遥感监测	Mb1-1；Mb1-7	Mb1-1；Mb1-7	/	E16 E22
Ma-5	地质过程	（2）典型地貌的构造行迹	一月一次	遥感监测	Mb1-1；Mb1-7	Mb1-1；Mb1-7	/	E01 E12 E14

7.2.1.3 水文价值监测

水文价值监测包括湿地生态系统质量和河流季节性水量变化，共2个监测项目。主要监测方式采用定点监测和遥感监测，主要监测点位位于可能影响水文价值的项目区域（表7-4）。

水文价值监测指标一览表 表 7-4

编号	监测项目	状态监测（S）			关键压力因子（P）	关键响应措施（R）	监测点	涉及的项目
		监测指标	监测周期	监测方法	监测指标	监测指标		
Ma-6	湿地生态系统质量	（1）湿地面积变化（2）湿地水土流失率	一年一次	遥感监测	Mb1-1；Mb1-7	Mb1-1；Mb1-7	/	E01 E05 E22 E24
Ma-7	河流季节性水量变化	（3）河流流量	一年一次	定点采样监测	/	/	项目范围内选择采样点	E01 E05 E16 E22

7.2.1.4 生态系统价值监测

生态系统价值监测包括生态系统面积与分布、生态系统质量和荒野地，共5个监测项目。主要监测方式采用样点监测、样地监测和遥感监测，主要监测点位位于可能影响生态系统价值的项目区域（表7-5）。

生态系统价值监测指标一览表 表 7-5

编号	监测项目	状态监测（S）			关键压力因子（P）	关键响应措施（R）	监测点	涉及的项目
		监测指标	监测周期	监测方法	监测指标	监测指标		
Ma-8	生态系统质量	（1）河（湖）岸带物理结构完整性：水岸10m范围内植被覆盖度、人工干扰度、岸线物理性质	一年一次	样点监测，遥感监测	Mb1-1；Mb1-7	Mb1-1；Mb1-7	扎陵湖、鄂陵湖畔10m范围内选择15个采样监测点	E01
		（2）草场质量变化，草本植被盖度、生长高度、种类数量；（3）土壤PH值、养分、含盐量	一年一次	样地监测	Mb1-1；Mb1-7	Mb1-1；Mb1-7	/	E10 E11 E13 E19 E21
		（4）土地沙化面积与沙化程度	一年一次	遥感监测	Mb1-1；Mb1-7	Mb1-1；Mb1-7	/	E10 E11 E13 E19 E21
Ma-9	荒野地	（5）荒野地面积分布及荒野地质量变化	一年一次	遥感监测	Mb1-1；Mb1-7；Mb1-8	Mb1-1；Mb1-7；Mb1-8	/	E13

编号	监测项目	状态监测（S）			关键压力因子（P）	关键响应措施（R）	监测点	涉及的项目
		监测指标	监测周期	监测方法	监测指标	监测指标		
Ma-10	生态系统类型及面积比例	（6）典型生态系统所占面积	一年一次	遥感监测	Mb1-1；Mb1-7；Mb1-8	Mb1-1；Mb1-7；Mb1-8	/	E10 E13 E21 E24

7.2.1.5　生物多样性价值监测

生物多样性价值监测包括物种多样性、植被生长情况、鸟类的迁徙活动、鸟类的种群多样性、野生动物习性和夜行性野生动物活动状态，共6个监测项目。主要监测方式采用样点监测、样线监测、样地监测和红外相机监测，主要监测点位位于可能影响生物多样性价值的项目区域（表7-6）。

生物多样性价值监测指标一览表　　　　　　　　　　　　　　　　　　　　表 7-6

编号	监测项目	状态监测（S）			关键压力因子（P）	关键响应措施（R）	监测点	涉及的项目
		监测指标	监测周期	监测方法	监测指标	监测指标		
Ma-11	物种多样性	（1）动植物的物种数量和生物多样性指数	一年一次	样地监测	B2-1；B2-7	B2-1；B2-7	项目范围内选择监测点	E03 E10 E11 E15 E16 E24
Ma-12	植被生长情况	（2）物种多样性指标（3）旅游影响系数（4）伴人植物比例（5）植物盖度	一年一次	样方法和踏查法	B2-1；B2-7	B2-1；B2-7	项目区域选择十个点位	E06 E12 E18
Ma-13	鸟类的迁徙活动	（6）迁徙时间和活动地点	一周一次（3-5月）	样点监测	A1-1-2	A1-1-2	扎陵湖、鄂陵湖、冬格措纳湖畔的水鸟栖息地附近选择点位	E02 E18
Ma-14	鸟类的种群多样性	（7）鸟类的数量及物种多样性指数	一年一次	样点和样线监测	B2-1	B2-1	项目所在区域选择样线和点位	E02 E18
Ma-15	野生动物习性	（8）野生动物出现地点、频率和习性	一年一次	红外相机监测	B2-1；B2-7	B2-1；B2-7	项目范围内的生态保护站	E11 E24
Ma-16	夜行性野生动物活动状态	（9）夜行性野生动物的数量及物种多样性指数	一年一次	红外相机监测	B2-1；夜晚人工光源光照强度	B2-1；夜晚人工光源光照强度减弱程度	年都村宿营地选择监测点	E19

7.2.1.6　文化价值监测

　　文化价值监测包括寺庙建筑群及环境风貌等物质载体、僧俗的行为举止和藏民传统生活方式，共 3 个监测项目。主要监测方式采用定点定视角摄影监测、人工观察和访谈，主要监测点位位于可能影响生态系统价值的项目区域（表 7-7）。

文化价值监测指标一览表　　　　　　　　　　　　　　　　　　　　　　　　表 7-7

编号	监测项目	状态监测（S）			关键压力因子（P）	关键响应措施（R）	监测点	涉及的项目
		监测指标	监测周期	监测方法	监测指标	监测指标		
Ma-17	寺庙建筑群及环境风貌等物质载体	（1）寺庙建筑群及环境风貌的受损程度	实时监测（全年）	定点定视角摄影监测；人工观察；访谈	建筑群及环境风貌的剧烈变化；Mb1-1	建筑群及环境风貌的修复情况；Mb1-1	玉树观景台、嘉那石经城及各寺庙	E03 E04 E07 E21
Ma-18	僧俗的行为举止	（2）僧俗行为活动变化	实时监测（全年）	人工观察；访谈	僧俗行为的虔诚度、原真度	/	嘉那石经城及各寺庙	E04 E21
Ma-19	藏民传统生活方式	（3）藏民原生态生活方式及习俗	一月一次（7-9月）	访谈当地藏民	Mb1-1	Mb1-1	项目范围内的藏民居住点	E07 E17

7.2.1.7　审美价值监测

　　审美价值监测包括视觉场景与声音景观，共 2 个监测项目。主要监测方式采用定点定视角摄影监测、定点监测和定点录音监测，主要监测点位位于访客活动可能影响审美价值的项目区域（表 7-8）。

审美价值监测指标一览表　　　　　　　　　　　　　　　　　　　　　　　　表 7-8

编号	监测项目	状态监测（S）			关键压力因子（P）	关键响应措施（R）	监测点	涉及的项目
		监测指标	监测周期	监测方法	监测指标	监测指标		
Ma-20	视觉景观	（1）场景特征	一周一次	定点定视角摄影监测	自然变化；Mb1-1；Mb1-7；Mb1-8	Mb1-1；Mb1-7；Mb1-8	项目所在区域	E01 E02 E05 E06 E18 E22
		（2）地质特征	一周一次	定点定视角摄影监测	自然变化；Mb1-1；	Mb1-1；	项目所在区域	E14

续表

编号	监测项目	状态监测（S）			关键压力因子（P）	关键响应措施（R）	监测点	涉及的项目
		监测指标	监测周期	监测方法	监测指标	监测指标		
Ma-20	视觉景观	（2）地质特征	一周一次	定点定视角摄影监测	Mb1-7；Mb1-8	Mb1-7；Mb1-8	项目所在区域	E14
		（3）光照的照度	一天一次（7-9月）	（照度计）定点监测	距离人工光源500m的照度	人工光源照度降低比例	年都村宿营地	E19
Ma-21	声音景观	（4）场景特征	一周一次	定点录音监测	Mb1-1；Mb1-7	Mb1-1；Mb1-7	项目范围内选择监测点	E02 E19

7.2.2 访客服务与管理监测

规划共8项监测项目，17项指标（表7-9）。负责组织开展监测和监测结果汇总的部门是国家公园的负责访客管理相关部门。主要监测方式是问卷、常规统计和访谈，监测点主要位于国家公园范围内的生态体验项目点。

访客服务与管理监测指标一览表 表7-9

编号	监测项目	监测指标	监测周期	监测方法	监测点位
Mb1-1	访客时空分布	（1）每个项目点的日访客量 （2）日访客量的增减变化 （3）月访客量 （4）年访客量	旺季选取访客规模较大的一天，半小时进行一次监测；十一黄金周选取一天，半小时进行一次监测	常规统计	E01 E02 E05 E06 E09 E10 E12 E13 E14 E15 E18 E19 E22 E24
Mb1-2	访客行为管理监测	（5）访客破坏生态环境的事件统计 （6）访客行为管理情况	淡季一个月一次，旺季半个月一次	常规统计、访谈	
Mb1-3	设施建设情况	（7）满足访客需求建设的人工设施的数量与分布 （8）新增设施建设的数量、拆除整治设施建设的数量	1年	常规统计	
Mb1-4	访客服务收入	（9）三江源国家公园的访客服务总收入	1年	常规统计	国家公园园区内的访客中心
Mb1-5	访客服务季节性程度	（10）旺月与淡月访客数量的比率	1月	常规统计	
Mb1-6	访客花费构成	（11）访客花费中"吃住行游购娱"各部分的支出比例构成	1年	常规统计	
Mb1-7	访客服务与就业	（12）访客服务创造的就业机会 （13）访客服务从业人员的满意度	1年	常规统计	

续表

编号	监测项目	监测指标	监测周期	监测方法	监测点位
Mb1-8	访客感知与满意度	（14）访客对三江源资源、服务、环境及其他方面的满意度水平、生态体验项目的访客投诉率 （15）访客对项目所处海拔的适应能力和健康状态 （16）访客对于生态体验是否符合预期的感知 （17）访客重游率与推荐意愿	淡季一次，旺季一次	问卷、常规统计	国家公园园区内的访客中心

7.2.3 环境教育监测

规划共 2 个监测项目，4 项监测指标（表 7-10）。由国家公园试点区负责解说教育的部门组织开展监测和结果汇总。主要监测方式是问卷、网络、访谈、考核和统计，监测点位于国家公园范围。

环境教育监测指标一览表   表 7-10

编号	监测项目	监测指标	监测周期	监测方法
Mb2-1	受解说教育对象	（1）接受环境教育的访客数量 （2）解说教育满意度	1 年	问卷调查、网络调查、访谈统计
Mb2-2	解说员	（3）解说质量 （4）解说内容覆盖度	1 年	考核

7.2.4 牧民参与监测

规划共 3 项监测项目，9 项指标（表 7-11）。负责组织开展监测和监测结果汇总的部门是国家公园的社区管理相关部门。主要监测方式是问卷、访谈、实地考察和统计分析，监测点主要位于国家公园内的社区和周边社区。

社区参与监测指标一览表   表 7-11

编号	监测项目	监测指标	监测周期	监测方法
Mb3-1	生态体验发展水平	（1）特许经营的项目数量 （2）牧民自主经营的住宿餐饮设施数量	1 年	统计

编号	监测项目	监测指标	监测周期	监测方法
Mb3-1	生态体验发展水平	（3）牧民接待的访客数量 （4）牧民从生态体验项目中获得的经济收入	1年	统计
Mb3-2	牧民态度和影响感知	（5）牧民对国家公园生态体验的总体态度 （6）对于访客服务带来的经济、环境、社会以及文化影响的居民感知	1年	问卷、访谈和实地考察
Mb3-3	社区参与程度和意识	（7）牧民从事国家公园相关工作的比例与主要类型 （8）社区居民对其国家公园参与程度的感知 （9）牧民所关注的国家公园生态体验的相关问题	1年	问卷、访谈和实地考察

7.2.5　管理能力监测

规划共3项监测项目，6项指标（表7-12）。负责组织开展监测和监测结果汇总的部门是国家公园管理局。主要监测方式是问卷、访谈和统计分析，监测点主要位于国家公园范围内。

管理能力监测指标一览表　　　　表7-12

编号	监测项目	监测指标	监测周期	监测方法
Mb4-1	沟通机制	（1）召开生态体验与环境教育相关的座谈会、访谈、论证会等的次数 （2）各利益相关者对于国家公园价值达成共识的程度	1年	统计、访谈
Mb4-2	人员培训	（3）管理人员接受培训的人数、频率与质量 （4）解说员接受培训的人数、频率与质量 （5）社区居民接受培训的人数、频率与质量	1年	统计、测试
Mb4-3	组织管理上的成绩和社会认可度	（6）生态体验与环境教育项目在业界和社会上的认可度	1年	问卷

7.3　监测机构与机制

7.3.1　监测人员与机构

根据生态体验与环境教育监测项目的需求，三江源国家公园管理机构应设置专人或专门机构负责项目的监测数据收集、监测数据管理、监测协调和反馈工作。

监测管理、反馈与协调工作需 3 ～ 5 人负责。具体项目的监测数据收集工作分配给各保护站。数据分析和部分专业监测项目需委托第三方机构。生态体验监测和环境教育监测属于三江源国家公园监测系统的重要组成部分，人员安排和机构设置应与国家公园监测系统相协调。

7.3.2　监测反馈机制

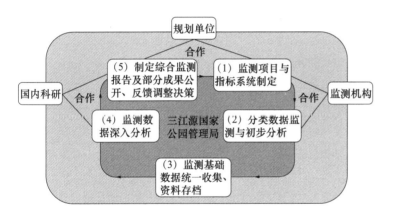

■ 图 7-1　监测机制

三江源国家公园的监测流程包括 5 个环节：（1）监测项目与指标系统制定；（2）分类数据监测与初步分析；（3）监测基础数据统一收集、资料存档；（4）监测数据深入分析；（5）制定综合监测报告及部分成果公开、反馈至保护管理和决策机构。5 个环节形成"监测—反馈"机制（图 7-1）。

应通过监测逐步完善价值的监测标准，对不满足标准的生态体验项目进行再评估，调整容量限制并采取适当措施加强访客管理，并根据监测的实际操作或新发现的问题修正和调整监测指标，进一步形成新的"监测—反馈"循环。

此外，应加强与国内科研、监测机构、规划单位合作，提升生态体验与解说教育监测的科学性和准确性。

7.3.3 人才培养机制

针对生态体验与环境教育项目监测，三江源国家公园管理机构应建立并完善监测体系的人才培养机制。

培训内容包括三江源国家公园的资源及价值概况、监测的基础理论、工作方法和实践技能等。

培训方式包括课堂理论教学、野外操作培训、研讨会和国内外考察交流等。

建立培训的反馈机制。在培训后，通过问卷调查或工作考核以评估培训的成效，反馈评估结果以调整和优化培训课程，提升培训工作的有效性。

7.3.4 公众参与机制

建立完善公众参与监测的渠道。建立与科研机构、科学家、NGO 的合作监测机制。针对访客、志愿者，开展难度适宜的公众参与监测类的生态体验项目。针对社区，设立基金或就业岗位，鼓励社区居民参与国家公园的长短期监测项目。

设立国家公园公众参与监测的培训课程，针对访客、志愿者和社区居民进行监测培训。研究机构需制定精确合适的研究方案，降低监测难度，培训易于理解的监测技术、监测记录方式等。

建立监测数据共享平台，开发方便的监测终端工具，方便公众监测数据的上传与整合。

通过传统媒体和网络平台，宣传公众参与的监测机制，吸引更多公众参与。

第八章

保障机制研究

8.1 管理机构

由三江源国家公园管理局成立专门机构负责生态体验与环境教育系统的规划、建设、管理、组织、协调与研究拓展工作，主要职责如下：

（1）管理职责

① 建立健全生态体验与环境教育的相关政策制度，实施生态体验与环境教育专项规划。

② 落实日常管理工作，确保在严格保护资源的前提下，有序开展生态体验及环境教育活动。

③ 硬件设施管理、维护和维修（包括步道、观景台等必要的生态体验设施，视听媒体规划、生态体验中心设计等解说教育设施）。

④ 软件服务质量的提升，包括各类环境教育材料的设计制作（解说词的编写、出版物的编写、音像制品选编、解说活动策划、解说软件APP的制作、解说网站与解说公众号的运营等）；人员培训、生态体验活动组织、解说服务安排和展览组织等。

⑤ 协调多方合作伙伴参与生态体验和环境教育系统的建设。

（2）研究拓展职责

① 负责组织协调园区监测人员、科研院所、第三方监测机构、NGO等多方力量，开展访客行为和环境教育相关监测，并整合分析各类监测数据，服务于访客影响与环境教育效果的研究。

② 负责将监测数据、研究成果等反馈到三江源国家公园的保护、管理中，以更科学、有效地指导访客生态体验和环境教育工作的开展。

8.2 访客奖惩

8.2.1 设立访客奖励机制

旨在鼓励访客深度参与国家公园的环境教育活动，主动学习相关知识，并增强体验的趣味性。具体的组织方式如下：

（1）纪念签章活动：访客在国家公园入口处领取解说手册，在重要观景点可收集盖章，作为特色纪念品；

（2）有奖竞答活动：在访客中心（展览馆）设置答题、游戏（如表演猜词）等活动，检验解说教育效果，可换取特色纪念品；

（3）收获荣誉勋章：依据访客在三江源国家公园内的行为环境友好

程度、解说教育效果、环境保护贡献等，颁发给访客不同的荣誉勋章和称号，如"三江源卫士""高原游侠""国家公园科学家"等；

（4）开放特有体验：针对特殊访客人群——本地牧民的奖励，在三江源国家公园建设、管理和资源保护中作出较大贡献的牧民，可获得一系列的奖励，包括直接的经济物质奖励、更多的培训机会，以及参与"牧民科学家"这一独特生态体验活动的机会。

8.2.2 设立访客负面清单与信用积分机制

访客负面清单机制：由三江源国家公园管理局建立访客负面行为清单，当访客在国家公园内发生清单上所规定的不文明、不友好行为时，视行为的恶劣程度给予不同程度的经济或行政处罚；当访客行为造成严重恶果，造成恶劣生态、社会影响时，应诉诸法律。

访客信用积分机制：建立起国家公园信用积分制度，依访客行为的环境友好程度给予不同的信用分，行为越友好，信用评分越高；行为恶劣者，则扣除信用积分。将访客信用积分建立永久档案，视评分等级给予不同的权限，评分较低者将限制参与二类、三类体验活动；评分为负者，将限制进入国家公园。当条件成熟时，将国家公园信用积分制度纳入个人征信系统。

8.3 多方参与

建立完善的生态体验和解说教育多方参与机制，合作伙伴包括当地社区、特许经营方、周边保护地管理机构、NGO与志愿者、大学与科研机构、中小学校、媒体、当地寺庙和其他个人等。多方合作共同组织向访客开展的生态体验项目，对访客进行解说教育，完成对应监测项目。

建立完善的特许经营制度。针对不同生态体验活动及所必需提供的访客服务的类型和特征，通过特许经营制度吸纳相对技术成熟、环境友好的社会各界力量参与到三江源国家公园生态体验与环境教育活动的开展中。

针对各生态项目的特征和开展要求，对生态项目的运营方进行了规划，项目运营方主要有四类（表8-1），分别为：（1）管理局相关部门，为三江源国家公园管理局下设的相关机构；（2）专业性相关组织，为与生态项目相关的NGO组织，如奇花寻踪应由植物保护类NGO组织进行运营；（3）当地牧民/组织，包含牧民合作社、牧委会等形式，也包含寺庙；（4）公司，需同时满足如下条件：有能力开展相关生态体验项目，有成熟的相关技术和资质，且具有项目运营及管理经验，在环境保护方面作出承诺并已经作出了良好的表率，能够提供相应的牧民培训或为当地牧民提供适当就业岗位。

生态项目的开展组织方（推荐：★，允许：△，不允许：×）　　　　　表8-1

编号	生态项目	项目运营方			
		管理局相关部门	专业性相关组织	当地牧民/组织	公司
E01	江河探源	×	★	△	△
E02	堤闻啼鸟	×	★	△	×
E03	藏地史诗	×	△	△	×
E04	高原圣行	×	×	★	×
E05	极目天河	×	△	△	△
E06	流云垂野	×	△	△	×
E07	酥油下午茶	×	×	★	×
E08	我在三江源	△	★	×	×
E09	邂逅动物	×	★	△	×
E10	野境寻踪	×	★	△	×
E11	荒野求知	×	★	△	×
E12	昂赛之径	×	★	△	△
E13	荒野之息	×	△	△	×
E14	地质奇观	×	△	△	△
E15	奇花探秘	×	★	△	×
E16	勇攀高峰	×	×	×	★
E17	纯牧探略	×	×	★	×
E18	昂赛掠影	×	★	△	×
E19	年都夜暖	△	△	△	×
E20	牧民科学家	×	×	★	×
E21	徒步圣境	×	×	★	×
E22	溯源河巅	×	△	×	△
E23	知游江河	×	×	×	★
E24	守望江源	★	△	×	×

　　针对不同生态体验项目的类型和特点，以及解说教育知识点的特征、要求等，依托各方力量，开展解说教育。其中各方参与的合作方式、合作内容与潜在的合作对象详见表8-2。

解说教育多方参与机制表　　　　　　　　　　　　　　　　表 8-2

合作伙伴类型	合作方式与合作内容	潜在合作对象
当地社区	● 在民宿提供点，为访客提供适当的解说教育服务 ● 加入管委会（或特许经营方）组织的解说员队伍（招募、培训、上岗、评价），获得合理的收入 ● 牧民通过培训成为监测员，对各生态体验项目的生态影响进行长期监测 ● 以当地牧委会／牧民合作社为单元参与特许经营，可申请特许经营岗位，也可申请特许经营项目	● 当地牧民 ● 未就业大学生 ● 返乡青年
特许经营方	● 在国家公园开展特许经营的生态体验项目，提供相应的解说服务	● 特许经营合作方 ● 商业户外运动公司
周边保护地管理机构	● 加强交流，相互借鉴经验	● 青海省的各类型保护地（风景名胜区、自然保护区、森林公园、地质公园等）
NGO与志愿者	● 提供技术支持 ● 组织开展和运营环境教育项目 ● 协助管委会招募解说志愿者	● 由政府部门发起成立的环保民间组织，如青海省环境科学学会、青海省野生动植物保护协会、青海江河源文化研究会等 ● 较权威的民间保护组织，如北大山水自然保护中心等 ● 草根环保民间组织，如青海人家、三江源生态环境保护协会、青海省江河源环境保护促进会等 ● 学生环保社团，如青海大学绿色空间社、青海民族学院环境保护协会等
大学与科研机构	● 大学与科研机构为国家公园提供技术支持（解说教育材料等） ● 国家公园为研究机构提供开展科研和监测的场所，部分研究成果反映在解说教育中 ● 建立大学生暑期实践基地，发挥大学生相关专业优势与志愿服务精神 ● 建立大学生专业实习基地 ● 合作建立科普基地（例如青藏高原生物标本馆） ● 合作举办展览	● 国内外在国家公园体制建设、野生动植物保护、生态系统保护、环境保护、生态体验、解说教育等研究领域有较强科研力量的高校或科研机构
中小学校	● 国家公园为中小学提供教育项目或到校服务 ● 作为全国或青海省的中小学环境教育社会实践基地	● 青海省的中学、小学 ● 其余省份的中学、小学

续表

合作伙伴类型	合作方式与合作内容	潜在合作对象
媒体	● 宣传并提升国家公园的形象 ● 通过网络媒体面向公众开展自然教育，普及与三江源地区相关的自然保护知识	● 报纸、广播、电视、网络等媒体 ● 微信的公众号平台
当地寺庙	● 为访客提供高原圣行这一藏传佛教的宗教深度体验活动，需访客与寺庙负责接待的僧侣直接进行预约 ● 由寺庙负责接待、管理访客的僧侣进行相应体验活动的长期监测	● 结古寺、赛康寺、贡噶寺等三江源地区著名的寺庙
其他个人	● 进行较高水平的解说教育 ● 以国家公园为题材进行艺术创作 ● 宣传并提升国家公园的形象	● 动植物学家、地质学家等 ● 户外摄影师、自然文学作家 ● 社会名人

8.4　能力建设

8.4.1　多元人才渠道，共建专业团队

吸纳多方力量：广泛吸纳当地社区牧民、当地寺庙僧众、特许经营方、NGO与志愿者等多方人员共同参与到团队建设中，改善三江源国家公园管理人员、生态体验服务人员、解说教育人员不足的现实困境。

加强人才引进：通过提高福利待遇、提供晋升空间、改善工作环境等方式，增加三江源国家公园就业环境的吸引力，并大力加强与国内外科研院校的合作和交流，吸纳科研院校毕业生及更多的高层次人才前来工作。

探索专业共建：在条件成熟时，开展与国内外科研院校的专业共建工作，专门设立为三江源国家公园量身打造的学科专业或者方向，采取统招或定向委培的方式，从源头建立起人才输送渠道。

探索订单式人才培养模式：与相关的国内外科研院校展开合作，开展人才订单式的培养，由三江源国家公园管理局根据国家公园生态体验与环境教育的人才需求提出培养要求，由合作科研院校量身订制人才培养方案，开展为期3个月、6个月、12个月的人才订单培养项目。

8.4.2 凸显综合素质，体现竞争选拔（针对 NGO 和牧民）

NGO 竞争选拔：在 NGO 的准入审批、承担项目类型审批、承担项目数量审批等方面，强调以综合素质评判为核心的 NGO 选拔机制，综合考量 NGO 组织在环境保护、提供生态体验和环境教育服务等方面的综合实力。

牧民能力竞赛：举办各类能力竞赛评比，设置"首席解说员""首席驾驶员""金牌解说团队"等荣誉岗位或荣誉称号，根据牧民对于国家公园相关知识的了解程度、对于环境保护事业的热心程度、以往环境行为的友好程度等，对在竞赛中取得综合优异成绩的个人、牧委会、牧民合作社，授予上述光荣称号，并给予经济奖励、通报表扬、优先供岗等各类奖励。

淘汰退出机制：建立末位淘汰制度，对于在 NGO 竞争选拔和牧民能力竞赛中表现较差的团队和个人，执行一次黄牌警告、两次停业整顿、三次红牌退出的末位淘汰制度。

8.4.3 健全考评制度，打通成长渠道（针对管理者）

建立并完善考评机制，以环保素养、管理服务能力、实际业绩为核心评判标准，为管理团队提供科学合理的上升渠道，并执行相应的奖励制度。

在考评中取得优秀成绩的管理人员，可获得前往兄弟机构、海外国家公园管理与解说教育机构的考察互访机会。

在考评中取得优秀成绩的管理人员，可获得前往科研院校进行参与培训、攻读学位的机会。

8.4.4 强化培训成长，促进能力提升

展开与海内外保护地管理机构、大学与科研机构、知名专业学者等的深度合作，定期开展不同类型的培训课堂。

不定期组织环境保护、生态体验、解说教育等领域的专家前来举办讲座，建立起人员培训的长效机制，促进三江源国家公园管理团队、生态体验与解说教育服务团队进行学习和自我提升。

形成面向三江源国家公园管理人员、当地牧民以及社会各界人士的解说教育长效培训机制。认真参与培训并通过严格的考核后，可获得解说教育证书，成为三江源国家的解说员，参与解说教育。

生态体验项目

E01　江河探源

江河探源包括黄河及长江近源的体验。

黄河探源自元代起，是大河探源活动中历史最悠久、次数最多的探源活动。自黄河第一桥起至牛头碑止的黄河文化探源路线，将是一场自然风光与历史传说的时空对话之旅，在这里登高望湖，聆听古老悠远的探源故事，将心灵寄放于广阔的天地之间。

长江探源的地点为其北源楚玛尔河，藏语意为"红河水"，发源于可可西里腹地的多尔改错湖，流经青藏公路于"长江七渡口"汇入通天河。在高海拔的平缓地势上，楚玛尔河段宽而浅，冲积形成一片片沟谷与风积沙丘，一眼望去河谷曲折，沙海起伏如一弯弯月牙，两岸由巴颜喀拉灰黑色板岩构成的岗丘低缓错落与红色河水交相辉映，形成一幅幅辽阔苍茫、色彩壮丽的如画景观，讲述着缤纷色彩下的地质变迁故事。

解说教育	【解说专题】15 地质运动；22 三江源头；24 高原湖区；25 水文景观；32 高原生态系统；54 探源文化；63 水文美 【解说人员配置】牧民驾驶员 1 名；牧民讲解员 1 名 【解说方式（媒介）】《三江探源》；讲解员；APP 【访前】《三江探源》手册 【访后】《三江源科学考察地图集》图书 【多方合作】无需
体验项目影响	【生态影响】自然环境、生态系统、地质地貌、水文、审美 【社会影响】访客高原反应等身体不适
监测体系	【监测项目】水环境质量；生态系统质量；地质过程；河流季节性水量变化；视觉景观 【状态监测指标】水质（pH 值、溶解氧等数十个指标）；河（湖）岸带物理结构完整性；典型地貌的构造行迹；河流流量；场景特征 【监测周期】一年一次；一年一次；一月一次；一年一次；一周一次 【监测方法】定点采样监测；样点、遥感监测；遥感监测；定点采样监测；红外相机监测 【监测点位】项目所在地内选择采样点；扎陵湖、鄂陵湖畔 10m 范围内选择 15 个采样监测点；沿楚玛尔河岸选择采样点；沿楚玛尔河岸选择采样点；项目所在区域
牧民参与	【牧民担任的角色】牧民驾驶员、牧民讲解员 【牧民需要的特殊技能】无 【牧民形式和人数】牧民驾驶员每次 1 人，每年 1440 人；牧民讲解员每次 1 人，每年 1440 人

	描　述
稀有度	独一无二的黄河、长江发源地
可感性	强烈的文化感知和视觉感受
可达性	有固定路线，沿路前行
氛围要求	有一定历史及自然氛围要求
时间投入	4h
体力投入	需要耗费一定体力
舒适度	无需剧烈运动，较舒适
适宜人群	V_1、V_3

E02 堤闻啼鸟

　　每年春天冰消雪融，河水上涨，鱼儿随着湖水漫过堤岸游入湖中。待到冰雪化尽，湖水断流，潮水迅速下降，鱼儿开始死亡，且被风浪推到岸边的沙滩上，吸引鸟儿前来捕食。访客可以在鄂陵湖和冬格措纳湖附近观鸟，听鸟的鸣叫，体验自然；也可以在合适的位置摄影，留下美好的画面。

	描　　述
稀有度	高寒湿地的鸟类集群出现
可感性	视觉感官强烈
可达性	道路通达较便捷
氛围要求	对氛围无特别要求
时间投入	1～2h
体力投入	访客运动量较小
舒适度	无需特殊要求，较为舒适
适宜人群	V_1，V_2，V_6

解说教育	【解说专题】42 重要动植物栖息地；65 生物美 【解说人员配置】本地人员／18 人 【解说方式（媒介）】《手册名称》；其他自导方式 【访前】鸟类观察与辨识方法，可观察到的鸟类简介 【访后】无 【多方合作】鸟类研究机构；当地中小学
体验项目影响	【生态影响】访客集中观鸟行为对鸟类的迁徙和捕食等活动造成影响
监测体系	【监测项目】鸟类的迁徙活动和种群多样性 【状态监测指标】迁徙时间和地点；物种多样性指数；鸟类数量 【监测周期】一年一次 【监测方法】样点法和路线调查法 【监测点位】鄂陵湖和冬格措纳湖周边选样
牧民参与	【牧民担任的角色】牧民解说员 【牧民需要的特殊技能】无 【牧民形式和人数】每次牧民解说员：1 人／组；每年牧民解说员：12 人／年

E03　藏地史诗

　　荒莽藏地，无尽奇异。追随历史事件和民间史诗，在柏海迎亲滩眺望姊妹湖，到访传说中的神山圣湖，还可自行携带 AR 设备，再现历史事件与传说中的神灵精灵及战役神话。"藏地史诗"面向对藏族古老史诗及藏区历史有兴趣的到访者，体验者还可在聚落处聆听格萨尔说唱艺人说唱藏族史诗《格萨尔王传》，或观看藏民们的小规模歌舞表演。

解说教育	【解说专题】51 价值概述；52 民俗文化；53 宗教文化；56 文化交流；63 水文美 【解说人员配置】本地人员 / 25 人 【解说方式（媒介）】《高原史诗》；手机 APP；歌剧院展陈 【访前】无 【访后】格萨尔王史诗小说，电影，剧集，文成公主与唐蕃古道系列资料 【多方合作】藏文化研究院；当地歌舞团
设施设备	【设施】观景台，栈道，歌舞剧院，城镇硬质广场
体验项目影响	【生态影响】室外歌舞演出周边声、光污染对动植物栖息地有影响；访客到访对水禽类动物造成惊吓；建设小型平台破坏水生动植物生境；观景平台或影响自然景观风貌 【社会影响】无
监测体系	【监测项目】自然环境—声环境质量，光环境质量，水质；生物多样性—物种多样性 【状态监测指标】声音分贝值，参照《社会生活环境噪声排放标准》GB 22337—2008；水禽类动物出没种类、频率与数量；水质，监测参考《水环境监测规范》SL 219—2013 【监测周期】实时监测（7 ～ 9 月） 【监测方法】（分贝仪、照度计）定点监测 【监测点位】室外演出场地周边监测，如玉树市格萨尔王广场；水生物在扎陵湖、鄂陵湖周边进行监测
牧民参与	【牧民担任的角色】歌舞演员；牧民解说员 【牧民需要的特殊技能】无 【牧民形式和人数】 单次演出：歌舞演员 30 人 / 次，4 处共 120 人 / 次；年需求：歌舞演员 120 人 / 年 单次导览：牧民解说员：1 人 / 车；年需求：牧民解说员 100 人

	描　述
稀有度	藏族文化在青藏广泛存在
可感性	VR 直观可视化
可达性	位于可达性较高的区域
氛围要求	需要一定设备
时间投入	0.5h 以内
体力投入	无需消耗太多体力
舒适度	无需特殊设备，较舒适
适宜人群	V_1，V_3，V_5

E04 高原圣行

访客先到玉树州博物馆参观，了解藏传佛教相关知识；在文成公主庙、结古寺、观摩唐卡及宗教活动；在嘉那石经城转动经轮、叠嘛呢石；在玉树州观景台观看六字真言山，并诵读"ॐमणिपद्मेहूं"（"嗡嘛呢呗咪吽"）。在结古寺、和科寺、贡嘎寺、赛康寺、卡纳寺、拉布寺、龙喜寺、佑青寺、斯日寺、扎西拉武寺、禅古寺、尕藏寺等地静坐体验，感受人与自然的和谐。

	描 述
稀有度	青藏高原内分布有多家寺庙
可感性	可以直观感受到宗教氛围
可达性	依通达道路的情况有所不同
氛围要求	对于宗教神圣氛围要求较高
时间投入	2～4h，访客身体力行
体力投入	参与宗教活动，需一定体力
舒适度	身心愉悦、放松，洗涤俗世
适宜人群	V_1，V_3，V_6

解说教育	【解说专题】51 价值概述；53 宗教文化；56 文化交流 【解说人员配置】无 【解说方式（媒介）】《密宗佛教》；手机 APP 【访前】三江源官网提供《密宗佛教》 【访后】手册；官网下载 APP 【多方合作】博物馆中：人员支持，解说教育，监测反馈；寺庙中：反馈监测、管理等
设施设备	【设施设备】无需设备 【其他要求】所有服务设施、环卫设施等依托博物馆、寺庙完成
体验项目影响	【社会影响】访客行为会对寺庙的正常运行、喇嘛的法事活动、藏民的朝拜活动造成一定干扰，尤其是访客不恰当的喧哗、拍照、破坏环境风貌行为
监测体系	【监测项目】文化价值、寺庙建筑群及环境风貌等物质载体；僧俗的行为举止等 【状态监测指标】寺庙建筑群及环境风貌的受损程度；僧俗行为活动变化 【监测方法】玉树州博物馆的检测采用人工实地观察、摄像头检测结合；观景台的监测采用摄像头；各寺庙定点定视角摄影监测；人工观察、访谈 【监测周期】实时监测（全年） 【监测点位】访客体验所在地
牧民参与	无需参与

E05　极目天河

在曲流旁远眺天河流淌，在高空中俯瞰江源大地，极目黄河之水天上来，奔流到海不复回的宏景，感受高原上绽放的生命力！"极目天河"以观景活动为主，在玛多星星海旁驻足远望，临河远眺，感受天、水、人合一的心境。

解说教育	【解说主题】21 价值概述；22 三江源头；23 高寒湿地；24 高原湖区；25 水文景观；54 探源文化；63 水文美 【解说方式（媒介）】《极目天河—热气球观景手册》 【访前】无 【访后】获取《三江源风景图册》 【多方合作】无
设施设备	【设施】观景平台、步道、停车场、生态厕所
体验项目影响	【生态影响】自然环境，热气球升空中产生的噪声、二氧化碳、热量，会对光环境、声环境、大气环境产生影响；植被破坏，停车场与步道的修建，会对其周围的植被生长情况产生影响
监测体系	【监测项目】 （1）自然环境—声音环境；（2）自然环境—大气环境；（3）审美价值—视觉景观；（4）生态系统—植被生长状态 【状态监测指标】（1）声音分贝值（参照《社会生活环境噪声排放标准》GB 22337—2008）；（2）二氧化碳排放量；（3）场景特征；（4）植被覆盖度 【监测周期】（1）自然环境—实时监测；（2）审美价值—半年一次；（3）生态系统——年一次 【监测方法】（1）自然环境、审美价值—定点监测；（2）生态系统—样地监测 【监测点位】（1）昂赛乡、玛多县的热气球服务站处；（2）观景台和步道外扩 15m 范围内
牧民参与	【牧民担任的角色】维护员、监测员 【牧民需要的特殊技能】相关设施维护技能 【牧民形式和人数】维护员：8 人，长期聘用；监测员：2 人，长期聘用

	描　　述
稀有度	体验高原河流的独特
可感性	强烈的视觉直观感受
可达性	位于通达性较好的聚居点
氛围要求	无特别氛围要求
时间投入	0.5h
体力投入	几乎无需体力耗费
舒适度	无特别要求，活动舒适
适宜人群	V_1

E06　流云垂野

　　三江源的云有着和其他地区截然不同的形态特征，以低云量为主，距离地面近，能够带来人与云之间的互动体验；高原的云，变化多端，一日之内，往往能够看到多种云型。

　　访客在年都宿营地附近的开阔地进行观云，感受云的变化；也可在玛多星星海附近进行观云，感受云与水的交融。

	描　　述
稀有度	高原普遍存在流云气象
可感性	强烈的视觉感知
可达性	依据通达道路的路况而不同
氛围要求	无需特别氛围
时间投入	1 ～ 2h
体力投入	观天象，无需体力耗费
舒适度	身心愉悦放松
适宜人群	V_1，V_2，V_6

解说教育	【解说专题】34 气候变化；64 气象美
	【解说人员配置】无
	【解说方式（媒介）】《云型图鉴》；其他自导方式
	【访前】无
	【访后】无
	【多方合作】气象研究机构
设施设备	【设施】无
体验项目影响	【生态影响】访客对植被和土壤的践踏
监测体系	【监测项目】植被生长情况
	【状态监测指标】物种多样性指标；旅游影响系数；伴人植物比例；植物盖度
	【监测周期】一年一次
	【监测方法】样方法和踏查法
	【监测点位】观云区域选点
牧民参与	无

E07　酥油下午茶

　　三江源饮食文化体验是了解当地人与自然关系的基础。你知道 20 头牦牛对于一户牧民家庭意味着什么吗？你了解牦牛身上每个部分的传统使用方法吗？你走进过藏族传统的黑帐篷吗？体验过当地饮食文化吗？"酥油下午茶"主题活动，把你带到传统的黑帐篷里，与当地牧民人家一起制作酥油茶、青稞饼和牦牛酸奶，享用高原美食：牦牛酸奶、酥油茶、风干牛肉、羊肉包子……听藏族奶奶给你讲当地传统的生活习俗和生态文化。

解说教育	【解说专题】52 民俗文化；55 生态文化 【解说人员配置】本地人员／3 人 【解说方式（媒介）】《藏族生态文化》，实践类 【多方合作】当地牧民
设施设备	【设施】无
体验项目影响	【生态影响】（1）交通工具机动车对高寒草甸生态环境的破坏；（2）访客带来的城市垃圾容易污染环境；（3）制作传统食物的材料供给会增加，导致物资运入草场的频率更高，破坏高原草甸生态系统；（4）用水量需求增加，地下水位下降 【社会影响】外来文化对本地文化的冲击
监测体系	【监测项目】水质量，垃圾处理情况，牧民生活 【状态监测指标】访客数量与废弃物处理措施、生活习俗和生活状态 【监测周期】一月一次 【监测方法】地下水水位、污水排放与水污染缓解情况（高锰酸盐指数、氨氮、pH 值、BOD5、溶解氧的变化）垃圾种类和垃圾量变化 【监测点位】牧民家及周边
牧民参与	【牧民担任的角色】参与教授食物制作过程 【牧民需要的特殊技能】了解传统文化和传统生活技能 【牧民形式和人数】3 人

	描　述
稀有度	藏俗体验在高原多处展开
可感性	六感的共同直观感受
可达性	位于聚居点，容易通达
氛围要求	无需特别氛围要求
时间投入	3h
体力投入	无需体力耗费
舒适度	体验藏民生活，较舒适
适宜人群	V_1，V_3，V_4，V_6，V_{11}

E08　我在三江源

　　熊，跋山涉水，寻觅食物。藏羚羊，奔波迁徙，诞育生命。鹰隼，翱翔天空，寻地落脚。让我们以动物的视角感受三江源国家公园吧！我在三江源是面向所有到访者的、全过程互动参与式的教育课堂，到访者将以某种动物（如：雪豹、藏羚羊、棕熊、旱獭等）的视角感受三江源国家公园中的一切，使用移动端的互动游戏，配合博物馆、生态体验中心等解说基地的动手参与，了解三江源国家公园中各类要素的日常互动、错综关联与实时数据，详细解析人类行为对生态系统各要素的影响。参与者在完成一定量任务后可获得相应身份的纪念奖章或周边奖品。

	描　述
稀有度	深入参与游戏体验
可感性	深度参与活动，感受强烈
可达性	位于道路直接通达的区域
氛围要求	无需营造氛围
时间投入	0.5h
体力投入	无需耗费过多体力
舒适度	互动参与游戏，舒适有趣
适宜人群	$V_1 \sim V_{12}$

解说教育	【解说专题】31 价值概述；32 高原生态系统；33 高原生态屏障；35 荒野地；41 价值概述；42 重要动植物栖息地；43 大型食肉动物庇护所；44 干扰与威胁；45 保护管理对策 【解说人员配置】无 【解说方式（媒介）】《我在三江源》；可操作的模型，互动装置 【访前】三江源相关动物资料 【访后】三江源相关动物研究更新资料，周边，纪念品 【多方合作】动物类研究机构，环境教育类 NGO；各地中小学
设施设备	【设施】依附各级生态体验中心、环境解说教育点
体验项目影响	【生态影响】无 【社会影响】无
监测体系	【监测项目】生物多样性 【状态监测指标】三江源地区重要动物种监测 【监测周期】长期监测，实时数据反馈 【监测方法】定点监测、样地监测、红外相机观测 【监测点位】动物出没点
牧民参与	【牧民参与的内容】牧民可作为解说材料编写前期的咨询对象，不参与后续解说活动；当地中小学可参与活动 【牧民形式和人数】中小学，以班级为单位 【每次参与时长】0.5 ～ 1d 【参与的季节/时间段】春季学期末 5 ～ 7 月，秋季学期初 9 ～ 10 月

附录 1　生态体验项目

E09　邂逅动物

　　一场凌晨 5 点的邂逅。从星空满布到第一道黎明的曙光，伴随着太阳升起，你看到了沼泽里的惊喜，藏羚羊、藏原羚、黑颈鹤、藏狐，在黎明中邂逅野生动物，感受三江源生命的曙光。凌晨 5 点出发，自驾游开车 4h 到达可可西里索加保护站。沿途公路两侧可以有机会看到较多数量和种类的野生动物，包括藏羚羊、藏原羚、黑颈鹤、藏狐等多种野生动物和一望无际的湿地景观。三条邂逅动物体验路线：（1）曲麻莱县城到索南大杰保护站；（2）格尔木到索南大杰保护站；（3）玛多到玉树。

解说教育	【解说专题】42 重要动植物栖息地；43 大型食肉动物庇护所；44 干扰与威胁；45 保护管理对策 【解说人员配置】本地人员 / 1 人 【解说方式（媒介）】自导式 【多方合作】当地牧民
设施设备	【设施】无
体验项目影响	【生态影响】机动车所产生的噪声对动物栖息地的干扰
监测体系	【监测项目】野生动物数量与分布的变化 【状态监测指标】公路两侧野生动物的数量 【监测周期】繁殖期一月一次 【监测方法】公路一侧每 500m 放置一台红外线检测机 【监测点位】野生动物繁殖地和觅食地
牧民参与	【牧民担任的角色】牧民解说员和驾驶员 【牧民需要的特殊技能】参与解说活动的牧民需要对当地的野生动物名称、习性和栖息地环境相对了解 【牧民形式和人数】驾驶员，1 人

	描　述
稀有度	高原动物可随处出现
可感性	能直接看到动物，可感性高
可达性	位于道路沿线，通达性好
氛围要求	无营造氛围要求
时间投入	1.5h
体力投入	无需体力耗费
舒适度	多数为坐车体验，较为舒适
适宜人群	V_1，V_2，V_8，V_9

E10　野境寻踪

　　来到三江源你是客人，快来拜访一下这里真正的主人们。野境寻踪项目是基于昂赛雪豹观察与治多索加乡周边区域：格西措尺鸟类湿地（当曲）、藏野驴（君曲）、勒日措加鸟类生物多样性（牙曲）、雪豹（牙曲）、冬日野牦牛（莫曲）、烟章挂生物多样性（莫曲）、巴斯工卡藏羚羊（当曲）动物而设计观察野生动物的自然体验活动。这种极小众追踪活动是由当地NGO组织或索加乡当地人带领访客开车进入保护区沿路线观察拍摄野生动物，除了车行的追踪模式以外，访客由当地人带领需步行进入山地及荒野区域。活动参与者多为野生动物爱好者，摄影爱好者，家庭组合。

	描　　述
稀有度	生物多样性集中区域
可感性	能看到野生动物出没
可达性	道路崎岖颠簸，可达性低
氛围要求	营造不打扰动物栖居的氛围
时间投入	10h
体力投入	需要消耗大量体力参与活动
舒适度	户外活动，舒适度较低
适宜人群	V_2，V_9，V_{11}

解说教育	【解说专题】42 重要动植物栖息地；43 大型食肉动物庇护所；55 生态文化 【解说人员配置】本地人员 / 2 人 【解说方式（媒介）】导游带领 【多方合作】当地牧民，动物专家
设施设备	【设施】无
体验项目影响	【生态影响】（1）越野车轮胎和所产生的噪声对高寒草甸生态系统的破坏；（2）访客摄影活动对保护区内野生动物的干扰；（3）对于雪豹追踪的影响评价需要考虑到刚出生的雪豹成活率的问题
监测体系	【监测项目】野生动物数量与分布的变化 【状态监测指标】野生动物近年来数量及繁殖情况 【监测周期】繁殖期一月一次 【监测方法】专业动物保护与生态保护学家给予具体监测建议 【监测点位】野生动物繁殖地和水源地，游憩路线所经过区域。在雪豹的繁殖地需要放置红外线检测系统
牧民参与	【牧民担任的角色】驾驶员 【牧民需要的特殊技能】索加牧民将成为司机，带访客进入保护区内，行驶设计好的规定路线。对于挑战追踪雪豹项目，当地牧民需要充分熟悉雪豹的生活习性和分布特征，有能力捕捉雪豹留下的任何痕迹 【牧民形式和人数】驾驶员，1 人

E11　荒野求知

　　脆弱的高原湿地，消融的雪山冰川。想知晓气候变化和人类活动对高原生态的影响吗？蹦跳的藏羚羊，珍贵的雪豹，呆萌的藏狐，好像从来都不能接近。想近距离观察他们的一举一动？想了解他们行为习性背后的科学原理吗？

　　成为一名荒野侦探，为我们带回你的专属情报！

　　参与国家公园的科研和监测活动。参与高原生态系统、土壤、水系、地质、动植物等的科学考察；参与动植物物种或样地监测；参与民族植物学、神山圣湖体系等社区学调研；鼓励自定科研计划或课题。

解说教育	【解说主题】17 干扰与威胁；18 保护管理对策；26 干扰与威胁；27 保护管理对策；36 干扰与威胁；37 保护管理对策；44 干扰与威胁；45 保护管理对策；57 干扰与威胁；58 保护管理对策；67 干扰与威胁；68 保护管理对策；71 国家公园体系及运营；72 自然保护；73 文化保护 【解说人员配置】（地质学、水文学、生态学、动植物、人类学等）科学家或当地的相关知识与经验丰富者 【解说方式（媒介）】《科考卷宗》 【访前】科学考察的基本知识和技能培训的网络课堂 【访后】科考证书；科学考察报告；年会交流 【多方合作】科研机构
设施设备	【设施】保护站；科研站
体验项目影响	【生态影响】科学考察中，汽车进入荒野地，车轮可能对高寒草甸等动植物栖息地造成破坏，汽车尾气可能会影响大气环境；科考队员在活动中产生气味、声音、踩踏等，可能会对野生动物行为或栖息地造成干扰。 【社会影响】无
监测体系	【监测项目】水环境质量；生态系统类型及面积比例；物种多样性；野生动物习性 【状态监测指标】高锰酸盐指数、氨氮、pH 值、BOD5、溶解氧；生态系统类型及面积比例；动植物物种数量和生物多样性指数；野生动物出现地点、频率和习性 【监测点位】科考线路沿途
牧民参与	【牧民担任的角色】牧民驾驶员、牧民导引员、牧民解说员、牧民炊事员 【牧民需要的特殊技能】牧民解说员：对本地知识和相关科考知识的了解 【牧民形式和人数】每次需牧民驾驶员：1 人/车，2～7 人/队；牧民导引员：1 人/队；牧民解说员：徒步 1 人/组，2～7 人/队。每年需牧民驾驶员 62 人，牧民解说员 30 人，牧民导引员 26 人，牧民炊事员 26 人

	描　　述
稀有度	园区内有多处保护站
可感性	要求要有较全面的高原知识
可达性	依据不同线路有所不一
氛围要求	有较高的氛围营造需求
时间投入	7～60d
体力投入	需要消耗大量体力参与活动
舒适度	户外活动，舒适感较低
适宜人群	V_2、V_4、V_9、V_{11}

E12 昂赛之径

　　漫步于昂赛大峡谷的山间小径，四周山峦起伏，常伴河谷回响，满眼植被葱茂，此心寂静澄澈。呼吸之间，远山遥望，忘怀于自然。访客在三江源国家公园澜沧江园区昂赛大峡谷景区里乘车、徒步或骑马，沿途欣赏分布在海拔 3800m 以上的植物垂直带谱和丹霞地貌。

	描 述
稀有度	园区内独特的大峡谷景观
可感性	深度参与体验活动
可达性	位于道路沿线，容易通达
氛围要求	无需氛围营造
时间投入	4h
体力投入	参与活动需要耗费一定体力
舒适度	依据活动类型不同有所不一
适宜人群	V_1，V_2，V_3，V_5，V_9

解说教育	【解说专题】14 昂赛丹霞；16 山地峡谷；42 重要动物栖息地；53 宗教文化；62 地质美；72 自然保护 【解说方式（媒介）】讲解员、APP 【解说人员配置】牧民 【多方合作】无需
设施设备	【设施】在体验线路起点和终点附近应设生态公厕（2 个蹲位），中途可以使用昂赛乡和林业监测站附近的服务设施，并在这两处添置急救设备（如除体外颤仪、制氧机）
体验项目影响	【生态影响】驾车会对沿途动物栖息地造成一定干扰，包括引擎噪声、鸣笛、尾气和轮胎碾压等
监测体系	【监测项目】声环境和大气环境污染、土壤裸露 【状态监测指标】环境噪声；污染物浓度；草本植物盖度 【监测周期】声环境和大气环境每小时记录 1 次；草本植物盖度每月记录一次 【监测方法】环境噪声和污染物浓度采用定点监测；草本植物盖度采用样地监测 【监测点位】声环境和大气环境监测点设在驾车线路的起始点和转换节点处，共 5 处；土壤裸露监测样地设在驾车线路沿途，每 10km 设 1 处，共 10 处
牧民参与	【牧民参与的内容】驾车、沿途解说 【牧民需要的技能】掌握相关知识点，汉语言流利，掌握野外紧急救助技能，会驾驶车辆并熟悉路况 【牧民形式和人数】在景区内驾车运送访客（1 人 / 车），每天需要约 25 名牧民参与，全年约 10500 人次牧民参与服务 【每次参与时长】4h 【参与的季节 / 时间段】5 ～ 10 月

E13　荒野之息

　　天地之宏伟，苍生之渺小，时间在这里缓下了脚步。放空、呼吸、观察、聆听，将身心沉浸在大自然之中。山就在那里，你也可以成为山。访客可以在三江源国家公园长江园区野驴滩和库赛湖周边感受荒野的魅力，用眼睛捕捉草原上的生灵，用耳朵倾听寒风中的呢喃，用口鼻体会大自然的味道。

解说教育	【解说专题】32 高原生态系统；35 荒野地；42 重要动植物栖息地 【解说方式（媒介）】讲解员、手册、APP 【解说人员配置】生态管护站工作人员 【多方合作】无需
设施设备	【设施】不修建任何设施，依托临近的生态管护站提供最基本的服务，规划远期各园区应配备救援直升机
体验项目影响	【生态影响】访客体验活动干扰野生动物栖息地 【社会影响】访客如出现突发性身体疾病，需要野外急救或直升机救援
监测体系	【监测项目】野生动物的种群数量 【状态监测指标】陆生哺乳动物分布密度 【监测周期】每三个月 1 次 【监测方法】野外样地进行观察 【监测点位】在野驴滩和库赛湖访客徒步活动范围内，每处体验点设 2 条样线
牧民参与	【牧民担任的角色】驾驶员和导引员 【牧民形式和人数】驾驶员和导引员，2 人

	描　述
稀有度	园区内有多处荒野
可感性	要求有较高的文化理解能力
可达性	道路颠簸，较难通达
氛围要求	有苍茫、雄浑的氛围要求
时间投入	1.5h
体力投入	需要耗费一定体力
舒适度	户外活动，舒适度不高
适宜人群	V_2，V_3，V_7，V_8，V_9，V_{10}，V_{11}

E14　地质奇观

你是地质爱好者吗？期待看到寒武纪遗留下来的地貌形态？三江源奇特的地质奇观路线将会让当地特有的地质资源一览无遗，从杂多到治多，玉树到治多，两条线路将由当地司机导游带你一路领略三江源从古至今地壳变化作用下所产生的奇特地貌景观。沿途驾车一路观赏地质地貌资源，配合手册和手机 APP 解说，感受大自然地质博物馆的魅力，深刻认识三江源历史上地质景观的演变过程。

	描　　述
稀有度	较独特的高原地貌集中展示
可感性	视觉感受强烈
可达性	道路沿线，通达性好
氛围要求	无氛围营造需求
时间投入	2h
体力投入	基本无体力消耗
舒适度	坐车观赏美景，较为舒适
适宜人群	$V_1 \sim V_{12}$

解说教育	【解说专题】11 价值概述；12 高原腹地；15 地质运动；16 山地峡谷；62 地质美 【解说人员配置】本地人员／3 人 【解说方式（媒介）】实践式 【多方合作】当地牧民
设施设备	【设施】无
体验项目影响	【生态影响】机动车噪声对道路两侧动物栖息地环境的影响
监测体系	【监测项目】野生动物数量与分布的变化 【状态监测指标】公路两侧野生动物的数量 【监测周期】繁殖期一月一次 【监测方法】公路一侧每 500m 放置一台红外线检测机 【监测点位】野生动物繁殖地和觅食地
牧民参与	【牧民担任的角色】驾驶员和导引员 【牧民需要的特殊技能】参与解说活动的牧民需要对当地的地质知识和神山需要相对了解 【牧民形式和人数】驾驶员和导引员，1 人

E15　奇花探秘

　　高寒极境，神草仙株。在石缘、水畔、险峰、滩地，寻觅平日难得一见的神奇植物，了解高原大地上生长的特殊本草，不再与传说中的植物对面不识。"奇花探秘"是植物认知辨识主题项目，每位体验者配备三江源国家公园的植物手册，跟随植物认知专家和当地向导，认识沿途的神奇植物，掌握植物识别方法，了解其高寒植物的生存条件、生长习性、保护现状和文化特质。

解说教育	【解说主题】41 价值概述；42 重要动植物栖息地；44 干扰与威胁；45 保护管理对策 【解说人员配置】植物学家 /5 人；本地人员 /30 人 【解说方式（媒介）】《奇花图谱》；手机 APP 【访前】植物观察与辨识方法，线路，特殊代表性植物种类 【访后】三江源地区植物监测数据 【多方合作】植物研究机构，高校，当地中小学
设施设备	【设施】无
体验项目影响	【生态影响】访客进入对动植物栖息地有一定影响 【社会影响】无
监测体系	【监测项目】自然环境—声环境质量，光环境质量 【状态监测指标】植物物种多样性，植物盖度，植物分布状况；可参考《野生植物资源调查技术规程》LY/T 1820–2009 【监测周期】一年一次 【监测方法】样地法和样方法 【监测点位】珍稀植物分布区域
牧民参与	【牧民担任的角色】解说员，向导员 【牧民需要的特殊技能】无 【牧民形式和人数】每次：牧民解说员：1 人 / 车；牧民向导员：1 人 / 车队　每年：牧民解说员 15 人；牧民向导员：5 人

	描　述
稀有度	植物的分布有一定偶遇性
可感性	有直观的视觉感知
可达性	位于道路沿线，较易通达
氛围要求	无特殊氛围需求
时间投入	2h
体力投入	有一定的体力消耗
舒适度	需要寻觅植物，有一定难度
适宜人群	$V_1 \sim V_{12}$

E16 勇攀高峰

去登一座雪山,青春便无憾。雪山巅,自有苍鹰翱翔苍穹。沉默的雪原,请洗涤这城市里浮躁太久的心,路绳上的兄弟（姐妹）,请记住这一份当初的勇敢。组织登山爱好者在玉珠峰,格拉丹冬峰进行登山技术培训,开展登山活动。

解说教育	【解说专题】13 冰川；16 山地峡谷；22 三江源头；34 气候变化；35 荒野地；37 保护管理对策；62 地质美；64 气象美 【解说人员配置】高山协作 / 5 人；本地大本营管理员 /1 人 【解说方式（媒介）】《高原冰川》《登山指南》《户外法则》,视频:雪山攀登基本操作 【访前】视频:LNT 法则,高原反应症状及处理方式,登山基础攀登技术 【访后】讲座:LNT 法则,高原反应症状及处理方式,登山基础攀登技术 【多方合作】中科院高原所、三江源生态环境保护协会、商业登山队
设施设备	【设施】监测点 3 个（本营、水源及冰川各一个）、营地（可拆卸）、生态厕所（2 个坑位）、垃圾回收点（攀登完后垃圾运出）
体验项目影响	【生态影响】对营地周围的高寒草甸生态系统造成破坏,排泄物及厨余垃圾对营地附近的河流造成污染,对冰川和积雪破坏 【社会影响】部分藏传佛教信众比较介意攀登神山
监测体系	【监测项目】水环境质量、冰川、物种多样性 【状态监测指标】水质（高锰酸盐指数、氨氮、pH 值、BOD5、溶解氧等数十个指标）冰川末端变化及冰川面积动植物的物种数量和生物多样性指数 【监测周期】一年一次 【监测方法】定点采样监测、遥感监测、样地监测 【监测点位】各山峰大本营,各山峰周围冰川,水源河流
牧民参与	【牧民担任的角色】牧民驾驶员、维护员、炊事员、监测员 【牧民需要的特殊技能】维护员:管理登山大本营的进出情况及人员管理炊事员:为登山者提供大本营食物 监测员:(1)记录冰川的末端海拔及其他数据(2)监测营地周围生态系统破坏情况(3)检测营地附近河流水质污染情况 【牧民形式和人数】每次:牧民驾驶员 5 人,牧民维护员 1 人,炊事员 1 人,监测员 2 人 每年:牧民驾驶员 20 人,牧民维护员 6 人,炊事员 6 人,监测员 12 人

	描　　述
稀有度	独特成熟的高原攀冰体验
可感性	冰天雪地,感知钝化麻木
可达性	非常难以通达
氛围要求	有较高的氛围需求
时间投入	6d
体力投入	体力消耗极高
舒适度	攀冰体验,舒适度极低
适宜人群	V_2, V_7, V_9, V_{10}, V_{11}

E17　纯牧探略

　　生计方式有三种："不动土的农牧混合经营""转场浅牧"与"多畜并牧"。来参与牧民的放牧活动来了解藏族的传统生计方式，从中还能了解对冻土层、野生动物的保护等的生态知识！来一次三江源的Homestay体验生活吧。在曲麻莱的合作社、代曲村河团结村等感受地道的放牧文化，可在藏民家用餐住宿，借以充分体验其日常生活情境。此活动属于大众活动并且适宜儿童的。

			描　　述
解说教育	【解说专题】45 保护管理对策；52 民俗文化；55 生态文化 【解说人员配置】本地人员/3 人 【解说方式（媒介）】实践式 【多方合作】当地牧民		
设施设备	【设施】无		
体验项目影响	【生态影响】（1）畜牧活动对草场的影响；（2）访客在牧民家生活所产生的生活垃圾与生活使用能源、水对环境的压力；（3）基础物资补给所增加的碳消耗；（4）成熟商业化后带来的牧场加速退化 【社会影响】外来文化对本地文化的冲击	稀有度	需结合牧民的放牧活动进行
		可感性	参与放牧体验，感知强烈
监测体系	【监测项目】牧民传统生活受冲击情况，草场生态影响 【状态监测指标】传统放牧生活和当地传统生态文化 【监测周期】繁殖期一月一次 【监测方法】对牧民家进行周期性访谈和问卷观察 【监测点位】牧民家和牧场	可达性	前往放牧地点有一定难度
		氛围要求	有一定放牧氛围要求
		时间投入	2d
		体力投入	有较高的体力要求
牧民参与	【牧民担任的角色】接待者 【牧民需要的特殊技能】牧民具备传统全面的生态知识，并确保在其中能传递给访客正确的价值观以及放牧知识 【牧民形式和人数】家庭，3 人	舒适度	需体验牧民的辛苦
		适宜人群	V_2、V_3、V_4、V_5、V_6、V_8、V_{11}

E18　昂赛掠影

在春季和秋季，日落之时，正是三江源的大量鸟类频繁活动之时；唯美的夕阳帮随着鸟类优雅的身影在空中划出的美丽弧线，构成了一幅浪漫的画卷。访客在年都帐篷宿营地附近，结合徒步路线沿途观鸟。

	描述
稀有度	鸟类的出现有较大的偶发性
可感性	需发现不定时出现的鸟类
可达性	通达途中较为颠簸
氛围要求	有观鸟氛围要求
时间投入	3～6h
体力投入	需要耗费体力静候鸟类出现
舒适度	户外等候，舒适度受到影响
适宜人群	V_2、V_3、V_5

解说教育	【解说专题】42 重要动植物栖息地；65 生物美 【解说人员配置】例：鸟类导游/2 人；本地人员/6 人 【解说方式（媒介）】《动物图鉴》 【访前】鸟类观察与辨识方法，可观察到的鸟类简介 【访后】无 【多方合作】鸟类研究机构，大学
设施设备	【设施】无
体验项目影响	【生态影响】访客观鸟行为对土壤和植被的践踏 【社会影响】访客如出现突发性身体疾病，需要野外急救或直升机救援
监测体系	【监测项目】鸟类种群多样性 【状态监测指标】物种多样性指数；鸟类数量 【监测周期】一年一次 【监测方法】样线法和随机样点法 【监测点位】沿观鸟路径布点
牧民参与	【牧民担任的角色】牧民导引员；牧民监测员 【牧民需要的特殊技能】牧民导引员：掌握解说技能 牧民监测员：定期定点拍照，监测审美价值 【牧民形式和人数】每次牧民导引员：1 人/组；每年牧民导引员：6 人/年

E19　年都夜暖

　　漫步傍晚，热情的年都村牧民在篝火旁与你共舞，酒斟满、歌声扬，五湖四海皆朋友。深夜，做一名吟游诗人，面对漫天星辰，回想人世间的方向。访客在澜沧江园区昂赛乡年都村宿营地体验牧民生活，享用草原美食、欣赏民族歌舞和英雄史诗，夜晚访客可在距离宿营地半公里外的开阔地进行观星和星空摄影活动。

解说教育	【解说专题】35 高原生态系统；42 重要动植物栖息地；45 保护管理对策；52 民俗文化；65 生物美；66 文化美 【解说方式（媒介）】现场表演；《暗夜星谱》手册、星象手机 APP、天文望远镜操作 【解说人员配置】牧民演员；本地区天文协会志愿者 【多方合作】天文类科研机构
设施设备	【设施】大帐房 1 顶、小帐篷 36 顶、后勤帐房约 3 顶、划定的停车区域（小车 20 辆）、马厩（容纳 10 匹）、生态公厕（10 个蹲位）、地埋式化粪池、垃圾储存点、急救设备（如除体外颤仪、制氧机）、各类天文望远镜 15 台
体验项目影响	【生态影响】访客及马匹过度踩踏造成营地及周边草场退化；篝火晚会对夜行性野生动物造成一定干扰，尤其是照度和分贝方面，及潜在的火灾隐患
监测体系	【监测项目】声环境和光环境污染、土壤裸露、夜行性野生动物状态 【状态监测指标】夜晚环境噪声、野外人工光源照度水平；草本植物盖度；夜行性野生动物多样性指数 【监测周期】夜晚声、光环境和夜行性野生动物活动实时记录；草本植物盖度每月记录 1 次 【监测方法】环境噪声、人工光源照度和夜行性野生动物活动采用定点监测；草本植物盖度采用样线监测 【监测点位】声、光环境监测点设在宿营地 500m 以外，各 1 处；夜行性野生动物监测点设在宿营地周边，3 处；草场质量监测样线设在宿营地半径 2 公里范围内，2 条
牧民参与	【牧民参与的内容】解说、表演、烹饪、服务 【牧民需要的技能】掌握相关知识点、汉语言流利、能歌善舞、厨艺尚佳 【牧民形式和人数】每晚约 5 人后勤，约 3 人表演；每年约 450 人次参与后勤服务，约 270 人次参与歌舞表演 【每次参与时长】3h 【参与的季节/时间段】7～9 月

	描　述
稀有度	园区内成熟固定的宿营地
可感性	参与篝火晚会；对星象有一定的感知力
可达性	道路曲折颠簸，较难通达
氛围要求	有一定的欢聚氛围要求；追求星空观赏效果
时间投入	3h
体力投入	参与户外活动，需耗费体力
舒适度	感受草原热情，身心愉悦
适宜人群	V_2、V_3、V_5、V_6、V_9、V_{11}

E20　牧民科学家

　　你可曾知你家周边有哪些生灵？你可曾知道它们的藏语名称和故事传说？你可曾了解这些生灵与你家家畜的爱恨情仇？成为牧民科学家，为我们带来你的特别报道吧！将社区牧民作为访客，鼓励社区参与国家公园的科研和监测活动。包括红外相机监测、草场质量监测、民族植物调研等。

	描　述
稀有度	独特的牧民访客活动
可感性	要求牧民有强烈的环保意识
可达性	牧民分布较散，有一定难度
氛围要求	有一定的环保教育氛围要求
时间投入	12d
体力投入	需要消耗较多体力
舒适度	参与环保活动，舒适度不高
适宜人群	V_{12}

解说教育	【解说主题】31 价值概述；32 高原生态系统；33 高原生态屏障；34 气候变化；35 荒野地；36 干扰与威胁；37 保护管理对策；41 价值概述；42 重要动植物栖息地；43 大型食肉动物庇护所；44 干扰与威胁；45 保护管理对策；71 国家公园体系及运营 【解说人员配置】了解动植物监测的科学家 3 名 【解说方式（媒介）】《社区监测手册》 【访前】社区监测培训 【访后】监测分析报告 【多方合作】科研机构、本地或非本地的 NGO 组织
设施设备	【设施】科研站
体验项目影响	【生态影响】科学考察中，汽车进入荒野地，车轮可能对高寒草甸等动植物栖息地造成破坏，汽车尾气可能会影响大气环境；科考队员在活动中产生气味、声音、踩踏等，可能会对野生动物行为或栖息地造成干扰 【社会影响】无
监测体系	【监测项目】野生动物习性 【状态监测指标】野生动物出现地点、频率和习性 【监测点位】红外相机布置点和布设线路沿线

E21　徒步圣境

　　尕朵觉悟，白圣客之山。藏歌与赛格古寺诵经声悠扬。风马飞舞，经幡飘扬，二十七神山下，玛尼堆旁，风拂格桑。尕朵觉悟，阿尼玛卿为藏区四大神山之二，玉树州内还分布江嘉多德、喇嘛诺拉、瓦里等神山。体验途中，看到独特的高原雪山景色，感受神山的雄伟，聆听神山的传说，这是遍览三江源的神山胜景之旅。

解说教育	【解说专题】13 冰川；16 山地峡谷；23 高寒湿地；24 高原湖区；35 荒野地；37 保护管理对策；42 重要动植物栖息地；52 民俗文化；53 宗教文化；62 地质美；63 水文美；66 文化美 【解说人员配置】本地人员 /2 人 【解说方式（媒介）】《神山圣湖》，《户外法则》，视频：三江源的山峰及湖泊 【访前】无 【访后】无 【多方合作】赛康寺
设施设备	【设施】营地（可拆卸帐篷）多个，监测点 4 个（每个神山一个），生态厕所多个
体验项目影响	【生态影响】对徒步路线及营地周围的高寒草甸生态系统造成破坏，排泄物及厨余垃圾对营地附近的河流造成污染 【社会影响】访客行为会对当地信众的转山活动造成一定干扰
监测体系	【监测项目】水环境质量、生态系统质量、物种多样性 【状态监测指标】水质（高锰酸盐指数、氨氮、pH 值、BOD5、溶解氧等数十个指标）、草场质量变化，草本植被盖度、生长高度、种类数量；土壤 pH 值，养分，含盐量、动植物的物种数量和生物多样性指数 【监测周期】一年一次 【监测方法】定点采样检测、样地监测 【监测点位】4 座神山览胜线路扎营地及水源
牧民参与	【牧民担任的角色】牧民驾驶员、牧民导引员、监测员 【牧民需要的特殊技能】牧民导引员：熟悉神山览胜线路　监测员：1. 监测徒步路线生态系统变化　2. 检测营地附近河流水质污染情况 【牧民形式和人数】每次：牧民驾驶员：2 个牧民导引员：2 个监测员：1 人　每年：牧民驾驶员 20 个牧民导引员：20 个监测员：5 人

	描　述
稀有度	独特的神山圣湖
可感性	需对神山圣湖文化有所了解
可达性	道路崎岖坎坷，较难以通达
氛围要求	有强烈的氛围要求
时间投入	6d
体力投入	需要耗费大量体力进行
舒适度	身体疲顿劳累
适宜人群	V_2，V_3，V_5，V_7，V_8，V_9，V_{11}

E22 溯源河巅

追溯黄河、长江及澜沧江的河源地，是一段漫长艰辛的旅程，但能见证江河之源的壮丽。黄河正源是发源于各姿各雅峰的那扎陇查河，经过起伏的湿地草甸与散落的河滩洼地，顺着一个又一个"月亮湾"，在湿地草甸的尽头追溯黄河之源。长江中源是发源于格拉丹东雪山，为沱沱河提供着潺潺流水，驱车穿越高原冻土无人区，出发直向发源长江水的宏伟冰山群将是一场充满未知与挑战的探险之旅，同时去走近对全球气候变暖最敏感的地区之一，去感受与认识冰川。澜沧江发源于高山峡谷冰川，支流众多，发源于吉富山的冰川河流谷涌曲为科考正源，但当地的民间传说则是扎阿曲上游的"扎西气娃湖"。这里遍布沼泽，泉点源源不断涌出的水流汇成溪流与大小湖泊，是其文化源头所在，无论是科考定论还是悠远传说，澜沧江源的神秘面纱将被一点点揭开。

	描 述
稀有度	独特的三江发源地
可感性	对江源文化及科考活动有一定了解
可达性	道路难以通达
氛围要求	有一定的溯源氛围要求
时间投入	1～2.5d
体力投入	需要消耗较多体力
舒适度	户外徒步，舒适度低
适宜人群	V_2，V_3，V_5，V_9，V_{10}，V_{11}

解说教育	【解说专题】13 冰川；22 三江源头；23 高寒湿地；24 高原湖区；25 水文景观；32 高原生态系统；33 高原生态屏障；34 气候变化；42 重要动植物栖息地；54 探源文化；63 水文美 【解说人员配置】牧民驾驶员 1 名；牧民讲解员 1 名 【解说方式（媒介）】《三江探源》；讲解员；APP 【访前】《三江探源》手册 【访后】《三江源科学考察地图集》图书 【多方合作】科学考察队、纪录片拍摄团队
设施设备	【设施】那扎陇查河水源监测点；扎气西娃湖水源监测点；姜古迪如冰川水源监测点
体验项目影响	【生态影响】自然环境、地质地貌、水文、审美 【社会影响】访客高原反应等身体不适
监测体系	【监测项目】水环境质量；冰川；湿地生态系统质量；河流季节性水量变化；视觉景观 【状态监测指标】水环境质量；冰川末端变化及冰川面积；湿地面积变化、水土流失率；河流季节性水量变化；物种多样性；视觉景观 【监测周期】一年一次；一年一次；一年一次；一年一次；一年一次；一周一次 【监测方法】定点采样监测；样点、遥感监测；遥感监测；定点采样监测；样地监测；红外相机监测 【监测点位】那扎陇查河岸沿线选择采样点；扎气西娃湖周边选择采样点；姜古迪如冰川周边选择采样点
牧民参与	【牧民担任的角色】牧民驾驶员、牧民讲解员、牧民监测员 【牧民需要的特殊技能】牧民驾驶员需要能够处理突发车辆问题而且有指导基本野外生存的技能；牧民监测员需要掌握监测水质、水量的技能 【牧民形式和人数】牧民驾驶员每次 1 人，每年 180 人；牧民讲解员每次 1 人，每年 180 人

E23　知游江河

漂流在澜沧江上，穿越峡谷，在汹涌波涛中前行。每次转弯后都是不同的风景，让身体在江水中痛快地淋个透，让心灵在澜沧江上不断感悟。组织漂流爱好者或青少年团体在澜沧江的杂多县昂赛乡到觉拉乡段开展漂流活动，同时辅以徒步、露营活动，自然教育。

解说教育	【解说专题】16 山地峡谷；22 三江源头；25 水文景观；31 价值概述；37 保护管理对策；41 价值概述；53 宗教文化；55 生态文化；63 水文美 【解说人员配置】专业漂流运动员 /5 人 【解说方式（媒介）】《户外法则》 【访前】无 【访后】无 【多方合作】漂流中国，然久寺
设施设备	【设施】监测点、营地（可拆卸）
体验项目影响	【生态影响】对营地周围的生态系统造成破坏，排泄物及厨余垃圾对营地附近的河流造成污染 【社会影响】无
监测体系	【监测项目】水环境质量、物种多样性 【状态监测指标】水质（高锰酸盐指数、氨氮、pH 值、BOD5、溶解氧等数十个指标）动植物的物种数量和生物多样性指数 【监测周期】一年一次 【监测方法】定点采样监测、遥感监测、样地监测 【监测点位】营地，澜沧江干流
牧民参与	【牧民担任的角色】炊事员、监测员 【牧民需要的特殊技能】炊事员：为漂流者提供营地食物 监测员：（1）监测营地周围生态系统破坏情况 　　　　　（2）检测营地附近河流水质污染情况 【牧民形式和人数】每次：炊事员 2 人，监测员 2 人 每年：炊事员 10 人，监测员 10 人

	描　述
稀有度	独特的高原峡谷漂流体验
可感性	全身心参与漂流，感受强烈
可达性	河道崎岖蜿蜒，通达不易
氛围要求	对于安全培训要求较高
时间投入	5 ～ 10d
体力投入	需要耗费大量体力
舒适度	长时间户外活动，舒适度低
适宜人群	V_2，V_6，V_9，V_{11}

E24　守望江源

如果你愿意来到这里，奉献生命中的一段时光；如果你愿意在江源驻守，用平凡的日常工作献上礼赞；如果你愿意将热爱变为行动，将感动化为付出，欢迎你成为一名江源卫士，我们共同守望！行动带来改变，从你我开始！为志愿者旅行项目，主要包含两项主要内容：

生态巡礼：成为可可西里保护站的一份子，参与生态巡护、野生动物救助等。

江源卫士：成为 NGO 的一份子（当地 NGO、富群环境研究院、山水自然保护中心、绿色江河等），参与生态环境状况考察、环境教育工作；帮助工作人员学习科学文化知识，为保护工作建言献策，回到原籍后开展影展、演讲等多种形式的宣传活动。

	描　述
稀有度	园区内有多处保护站
可感性	需要有强烈的生态环保意识
可达性	道路崎岖坎坷，较难通达
氛围要求	有一定的庄严氛围要求
时间投入	6d
体力投入	有较高的体力耗费
舒适度	深度参与活动，舒适度低
适宜人群	V_2，V_3，V_5，V_7，V_8，V_9，V_{11}

解说教育	【解说专题】11 价值概述；17 干扰与威胁；18 保护管理对策；21 价值概述；26 干扰与威胁；27 保护管理对策；31 价值概述；36 干扰与威胁；37 保护管理对策；41 价值概述；44 干扰与威胁；45 保护管理对策；51 价值概述；52 民俗文化；53 宗教文化；57 干扰与威胁；58 保护管理对策；61 价值概述；67 干扰与威胁；68 保护管理对策；71 国家公园体系及运营；72 自然保护；73 文化保护 【解说人员配置】科研工作者 15 人 【解说方式（媒介）】《守望江源——志愿者手册》 【访前】从网络平台获取：三江源国家公园价值简介；志愿者项目类型、工作要求、注意事项 【访后】到各保护站或 NGO 处领取：志愿者纪念徽章、三江源风景图册 【多方合作】 （1）科研站、科研机构：提供项目策划、解说依据、活动场地 （2）地方 NGO 组织：提供项目策划、解说依据、活动场地 （3）巴干乡寄宿制学校（小学）：开设环境教育课程、学生志愿服务计入学时 （4）保护站、寺庙：提供活动场地、提供保护管理、自然资源、宗教文化、环境教育解说内容
设施设备	【设施】（1）保护站：卓乃湖、索南达杰、五道梁、不冻泉保护站 （2）科研站：沱沱河科研站、山水昂塞工作站 （3）环境教育点：学校＋民间 NGO 组织＋寺庙
体验项目影响	【生态影响】自然资源，体验项目中的室外活动，可能会对水资源造成污染；动植物，体验项目中的动物监测活动，可能会对野生动物出现地点、频率和习性造成影响
监测体系	【监测项目】无 （1）自然环境—水环境质量；（2）生态系统价值—生态系统质量；（3）生态系统价值—生态系统质量；（4）生物多样性价值—野生动物习性 【状态监测指标】（1）高锰酸盐指数、氨氮、pH 值、BOD5、溶解氧

续表

监测体系	（2）生态系统类型及面积比例、草场质量变化；（3）动植物的物种数量和生物多样性指数；（4）野生动物出现地点、频率和习性 【监测周期】均为一年一次 【监测方法】（1）定点监测；（2）遥感监测；（3）样地监测；（4）红外相机监测 【监测点位】（1）科考线路；（2）各保护站与科研站；（3）昂赛乡、玛多县的热气球服务站处
牧民参与	无

附录 2

规划分析图

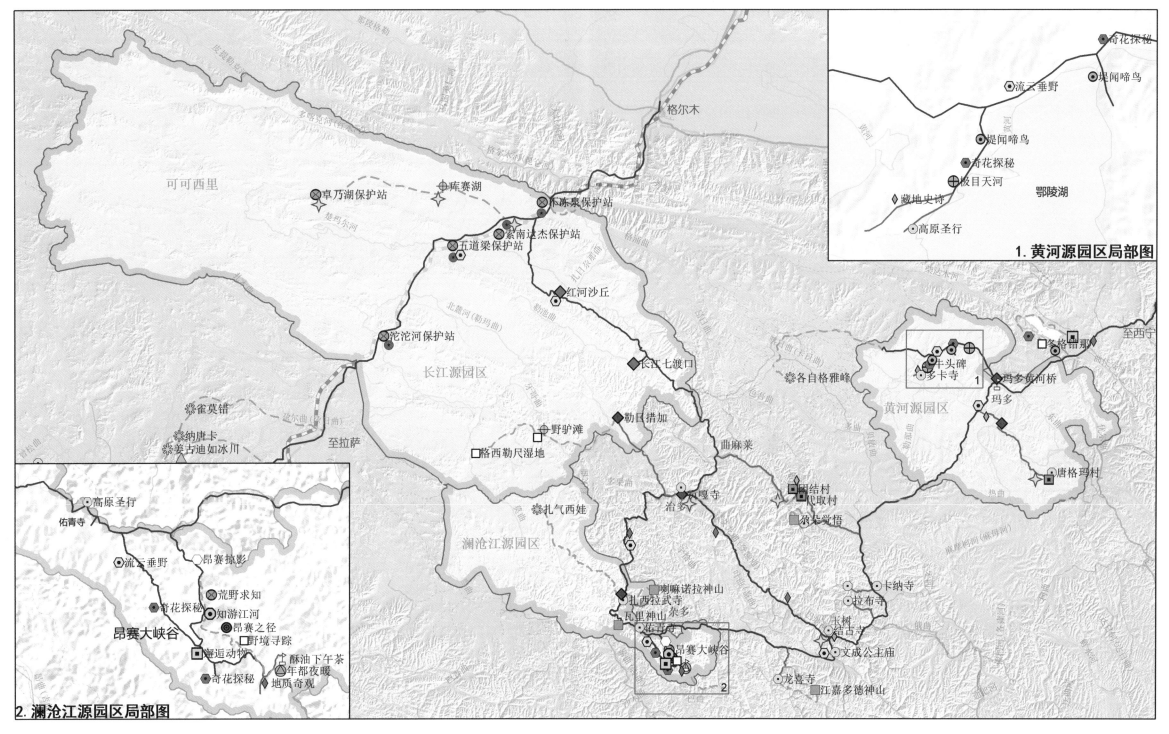

生态体验项目
分析图

图例

生态体验项目

- ◆ E01 江河探源
- ◉ E02 堤闻啼鸟
- ◈ E03 藏地史诗
- ◎ E04 高原圣行
- ⊕ E05 极目天河
- ⊙ E06 流云垂野
- ♪ E07 酥油下午茶
- ◆ E08 我在三江源
- ■ E09 邂逅动物
- □ E10 野境寻踪
- ⊗ E11 荒野求知
- ◉ E12 昂赛之径
- ⊕ E13 荒野之息
- ◆ E14 地质奇观
- ⬢ E15 奇花探秘
- △ E16 勇攀高峰
- ▣ E17 纯牧探略
- ○ E18 昂赛掠影
- △ E19 年都夜暖
- ✦ E20 牧民科学家
- ■ E21 徒步圣境
- ✳ E22 溯源河巅
- ◉ E23 知游江河
- ⬣ E24 守望江源

访客体验线路分类

- ——— 一类体验线路
- ——— 二类体验线路
- - - - 三类体验线路
- ━━━ 三江源国家公园

1. 黄河源园区局部图

2. 澜沧江源园区局部图

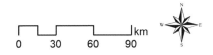

0 30 60 90 km

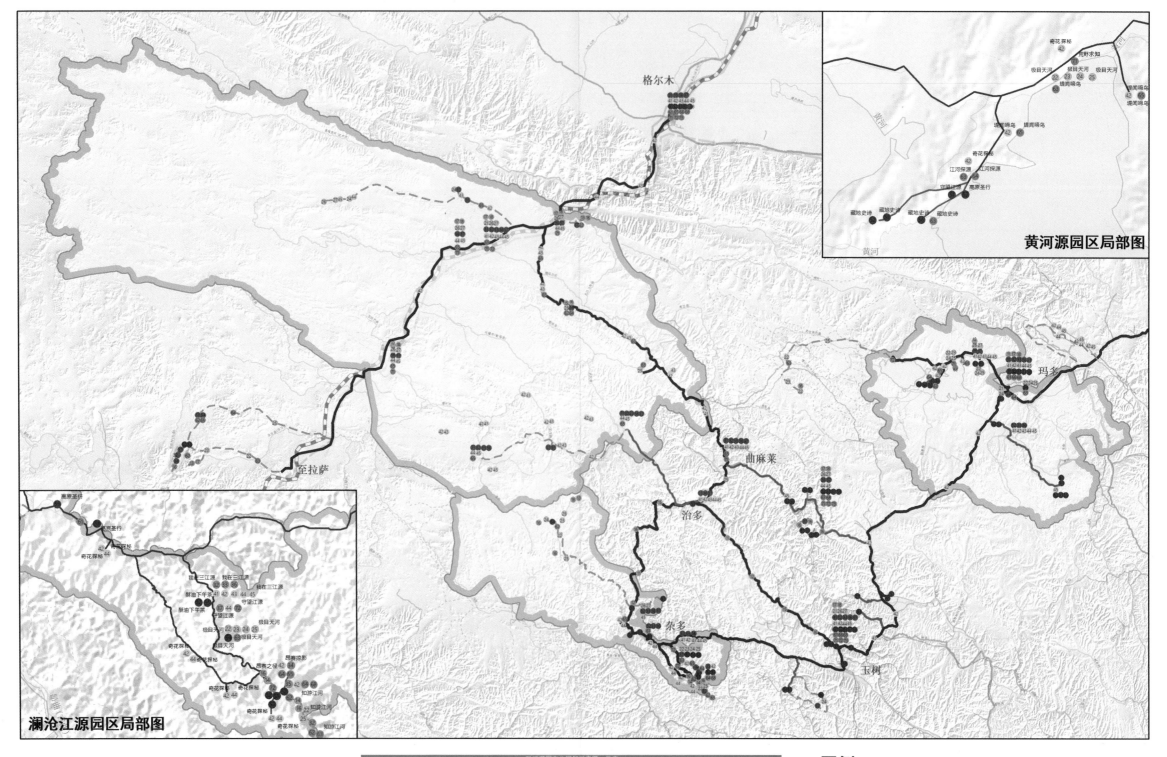

解说教育专题分布

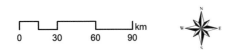

附录 3

环境教育知识点

三江源国家公园环境教育知识点一览表

解说专题		编号	解说知识点
1 地质地貌			
11	价值概述	1101	世界第三极的广袤腹地
		1102	中国冰川的重要组成部分
		1103	拥有青藏高原完整的白垩纪丹霞地貌
		1104	可可西里呈现地壳运动密集的典型地貌
12	高原腹地	1201	园区地理位置
		1202	青藏高原海拔
		1203	高原反应及相关知识
		1204	青藏高原地质特点
		1205	青藏高原地质历史追溯
		1206	中国地势
13	冰川	1301	园区冰川分布
		1302	园区冰川规模
		1303	园区冰川类型
		1304	园区主要冰川名称
		1305	中国冰川分布
		1306	中国冰川类型
		1307	中国冰川规模
		1308	世界冰川分布
		1309	世界冰川类型
		1310	世界冰川规模
		1311	冰川现状与冰川消退
		1312	冰川遗迹辨识
		1313	冰川与水循环
		1314	冰川与生态环境
14	昂赛丹霞	1401	园区丹霞地貌分布
		1402	园区丹霞地貌成因
		1403	园区丹霞地貌特色
		1404	丹霞地貌辨识
		1405	中国丹霞地貌分布
		1406	中国丹霞地貌成因
		1407	中国丹霞地貌特色
15	地质运动	1501	园区地质运动类型
		1502	园区地质运动频率

解说专题		编号	解说知识点
15	地质运动	1503	园区地质运动原因
		1504	园区地质运动频发期
		1505	园区与地质运动塑造大地景观的对应辨识
		1506	青藏高原地质运动现状
16	山地峡谷	1601	主要山脉／山峰／峡谷名称
		1602	主要山脉／山峰／峡谷位置
		1603	主要山脉／山峰／峡谷成因
		1604	主要山脉／山峰／峡谷的特殊性
		1605	主要山脉／山峰／峡谷参与影响的生态过程
		1606	主要山脉／山峰／峡谷在国家文化中的意义
		1607	主要山脉／山峰／峡谷在地方文化中的意义
17	干扰与威胁	1701	现状问题
		1702	潜在威胁
18	保护管理对策	1801	地方保护管理政策
		1802	访客管理
		1803	访客可参与的其余保护项目／活动
2 水资源			
21	价值概述	2101	长江、黄河、澜沧江的发源地
		2102	世界上海拔最高、面积最大及数量最多的高原内陆湖群区
		2103	高寒湿地区，天然沼泽、重要湿地密集分布区
		2104	独特的"冰川－河流－湖泊－湿地"高寒水文景观
22	三江源头	2201	中华水塔及三江水量
		2202	长江源头范围
		2203	长江源头地质成因
		2204	长江源头文化
		2205	长江源头河流名称
		2206	长江在中国的生态价值
		2207	长江在中国的文化意义
		2208	黄河源头范围
		2209	黄河源头地质成因
		2210	黄河源头文化（牛头碑、玛多）
		2211	黄河源头河流名称
		2212	黄河在中国的生态价值
		2213	黄河在中国的文化意义
		2214	澜沧江源头范围

续表

解说专题		编号	解说知识点
22	三江源头	2215	澜沧江源头河流名称
		2216	澜沧江源头地质成因
		2217	澜沧江源头的文化
		2218	澜沧江在中国的生态价值
		2219	澜沧江在中国的文化意义
		2220	特殊河流种类辨识
		2221	河系发展
		2222	河道类型辨识
		2223	源头河流形态辨识
		2224	三江水系与世界水资源
23	高寒湿地	2301	三江源地区湿地总量
		2302	三江源地区湿地特点
		2303	三江源地区湿地重要性
		2304	三江源地区湿地生态功能
		2305	湿地类型
		2306	天然草本沼泽
		2307	中国湿地概述
		2308	中国重要湿地
		2309	世界湿地概述
24	高原湖区	2401	三江源湖泊分布
		2402	三江源湖泊储水量
		2403	三江源湖泊水质
		2404	三江源重要湖泊
		2405	三江源湖泊生态意义
		2406	三江源湖泊文化意义
		2407	湖泊类型
		2408	中国湖泊分布
		2409	中国湖泊现状
25	水文景观	2501	高寒水文景观群
		2502	河流景观
		2503	辫状水系
		2504	湖泊景观
		2505	湿地景观
		2506	冰川与融雪景观
26	干扰与威胁	2601	现状问题
		2602	潜在威胁

续表

解说专题		编号	解说知识点
27	保护管理对策	2701	地方保护管理政策
		2702	访客管理
		2703	访客可参与的其余保护项目／活动

3 生态系统

解说专题		编号	解说知识点
31	价值概述	3101	是青藏高原生态系统的典型代表，是青藏高原特有物种的物种多样性、遗传多样性和生态系统多样性保护的重要区域
		3102	三江源地区是我国青藏高原生态屏障重要的组成部分
		3103	是我国荒野地的典型代表
		3104	全球气候变化的"先兆区与预警区"
32	高原生态系统	3201	三江源生态系统类别
		3202	高寒荒漠生态系统
		3203	高原湿地生态系统
		3204	高原草地生态系统
		3205	高原森林生态系统
		3206	高寒草甸生态系统
		3207	三江源生态系统过程
		3208	三江源生态系统原始性
		3209	三江源生态系统特殊性
		3210	三江源生态系统脆弱性
		3211	三江源地区自然保护区
		3212	生态系统相关重要概念
33	高原生态屏障	3301	生态屏障相关概念
		3302	三江源地区生态影响／辐射范围
		3303	水资源战略重要区域
		3304	天然湿地的国家生态意义
		3305	珍稀野生动物栖息地
		3306	三江源与流域可持续发展
		3307	三江源与流域生态环境安全
		3308	中国生态屏障构成
		3309	中国生态屏障意义
34	气候变化	3401	全球气候变化现状
		3402	全球气候变化的敏感区
		3403	气候变化敏感预警表现
		3404	对气候变化敏感原因
		3405	气候敏感区对全球环境研究的意义

续表

解说专题		编号	解说知识点
35	荒野地	3501	荒野地概念
		3502	荒野地生态价值
		3503	荒野地文化价值
		3504	荒野地美学价值
		3505	荒野地实地辨识
		3506	荒野地宏观识别
		3507	中国荒野地分布
		3508	中国荒野地价值
36	干扰与威胁	3601	人类活动与生态系统
		3602	草场退化
		3603	现状问题
		3604	潜在威胁
37	保护管理对策	3701	户外活动 LNT 法则
		3702	地方保护管理政策
		3703	访客管理
		3704	访客可参与的其余保护项目 / 活动

4 生物多样性

解说专题		编号	解说知识点
41	价值概述	4101	最重要的在地保护生物多样性的自然栖息地
		4102	大型食肉动物的主要庇护所
42	重要动植物栖息地	4201	栖息地相关概念
		4202	生物多样性相关概念
		4203	动物了解与认知方法
		4204	青藏高原（园区）特有动物
		4205	园区珍稀濒危动物
		4206	民族动物学知识
		4207	青藏高原特有动物生活习性
		4208	夜行性野生动物生态习性
		4209	植物了解与辨识方法
		4210	青藏高原（园区）特有植物
		4211	园区珍稀濒危植物
		4212	民族植物学知识
43	大型食肉动物庇护所	4301	园区大型食肉动物种类
		4302	园区大型食肉动物分布
		4303	食物链与生态位
		4304	各类动物栖息地要求
		4305	顶级物种在生态系统中的意义

续表

解说专题		编号	解说知识点
43	大型食肉动物庇护所	4306	中国大型食肉动物现状
		4307	中国大型食肉动物保护状况
		4308	世界大型食肉动物概况
44	干扰与威胁	4401	人类活动与生物多样性
		4402	可可西里藏羚羊的保护历史
		4403	索南达杰的故事
		4404	现状问题
		4405	潜在威胁
45	保护管理对策	4501	栖息地保护方法
		4502	生物多样性保护方法
		4503	青藏铁路与迁徙廊道
		4504	三江源地区保护地的社区共管
		4505	三江源地区保护地的协议保护
		4506	生态管护员项目
		4507	生态补偿机制
		4508	地方保护管理政策
		4509	访客管理
		4510	访客可参与的其余保护项目/活动
5 文化			
51	价值概述	5101	三江源地区拥有丰富多元的文化属性
		5102	江河探源历史久远,具有重要的科学研究意义和深远的文化影响
		5103	悠久的神山圣湖文化保护了三江源生态环境
		5104	三江源地区培育了新时代生态文化观
52	民俗文化	5201	格萨尔王史诗内容
		5202	格萨尔王史诗重要遗址
		5203	三江源地区传统民歌
		5204	三江源地区传统舞蹈
		5205	三江源地区传统戏剧
		5206	三江源地区节庆
		5207	三江源地区生活习俗
		5208	传统服饰
		5209	三江源地区传统饮食习惯
		5210	三江源地区传统地域建筑
		5211	三江源地区其他非物质文化遗产
		5212	三江源地区其他非物质文化遗产传承人
		5213	与本地居民交流的注意事项

续表

解说专题		编号	解说知识点
53	宗教文化	5301	重要寺庙
		5302	宗教圣物 / 圣地
		5303	藏传佛教派别
		5304	藏传佛教历史
		5305	藏传佛教仪式
		5306	藏传佛教教义
		5307	藏传佛教禁忌
54	探源文化	5401	三江源神话传说
		5402	古代探源记载
		5403	现代探源记录
		5404	江河探源的生态意义
		5405	江河探源的文化意义
55	生态文化	5501	传统文化中敬畏自然的行为准则与生活习惯
		5502	藏传佛教中的生态文化
		5503	虫草采集的生态知识
		5504	神山圣湖体系
		5505	神山圣湖体系的生态意义
		5506	现代生态文明建设
56	文化交流	5601	文成公主进藏史说
		5602	文成公主进藏重要节点
		5603	唐蕃古道路线
		5604	文化交流
57	干扰与威胁	5701	现状问题
		5702	潜在威胁
58	保护管理对策	5801	地方保护管理政策
		5802	访客管理
		5803	访客可参与的保护项目 / 活动
6 审美			
61	价值概述	6101	远山连绵、朱白争辉的壮美山景
		6102	长河逶迤，星海棋布的秀美水景
		6103	苍穹无垠、星云莫测的绝美天象
		6104	精灵竞秀、生机盎然的健美生境
		6105	虔诚淡然，大德曰生的大美文化
62	地质美	6201	高寒环境下的魏峨群山
		6202	壮阔辽远的广袤大地
		6203	冰川美景
		6204	雄浑苍茫的丹霞美景

解说专题		编号	解说知识点
63	水文美	6301	水量充沛
		6302	水质清澈
		6303	水形多样
		6304	星海棋布
		6305	水的文化审美
64	气象美	6401	气候多变，一日四季
		6402	最接近星空的地方，星空纯净
		6403	云海变幻
		6404	地理位置和地形地貌与天气、天象景观的关联
		6405	天空呈现"静、清、蓝、远"特征
65	生物美	6501	自由翱翔、奔跑的珍禽异兽
		6502	顽强生长的奇花异草
		6503	生机盎然的生物健美
66	文化美	6601	人与自然共生的大美文化
		6602	当地人民的传统生态观、环境观
		6603	传统民俗文化的热情奔放
		6604	传统宗教的神秘虔诚
		6605	高寒环境下的生命力量
67	干扰与威胁	6701	现状问题
		6702	潜在威胁
68	保护管理对策	6801	地方保护管理政策
		6802	访客管理
		6803	访客可参与的其余保护项目／活动

7 国家公园与保护

解说专题		编号	解说知识点
71	国家公园体系及运营	7101	国家公园设立目的
		7102	国家公园体系
		7103	国家公园志愿渠道
		7104	国家公园的科研概况
		7105	国家公园各类资源的监测方法及指标、标准
		7106	监测设备的操作原理
72	自然保护	7201	中国自然保护体系
		7202	中国自然保护组织
		7203	世界自然保护组织
73	文化保护	7301	中国文化保护体系
		7302	中国文化保护组织
		7303	世界文化遗产保护组织